工业和信息化人才培养规划教材

◎ 甘玉荣 杨梅 主编

◎ 牟文正 汪惟宝 周晓成 副主编

中文版 Rhino 5.0 产品设计微课版教程

人民邮电出版社

北 京

图书在版编目（ＣＩＰ）数据

中文版Rhino 5.0产品设计微课版教程 / 甘玉荣，杨梅主编. -- 北京：人民邮电出版社，2016.8（2022.7重印）
工业和信息化人才培养规划教材
ISBN 978-7-115-42383-2

Ⅰ. ①中… Ⅱ. ①甘… ②杨… Ⅲ. ①产品设计－计算机辅助设计－应用软件－教材 Ⅳ. ①TB472-39

中国版本图书馆CIP数据核字(2016)第141436号

内 容 提 要

本书介绍了 Rhino 5.0 中的建模技术和操作技巧，使读者全面掌握 Rhino 5.0 在工业设计中的应用。另外，本书还介绍了一款高效、快捷的实时渲染工具——Keyshot 5.3，以便读者将 Rhino 5.0 中的模型呈现出完美的效果。本书共 8 章，包括 Rhino 的基本应用、曲线绘制技术，曲面绘制技术、实体绘制技术、网格绘制技术、工业设计中的建模实训、keyshot 渲染技术、工业设计实训等知识，并通过 60 个精选案例和 28 个拓展练习，对所学知识加以巩固，锻炼实际操作能力。

本书适合高职高专院校中的珠宝设计、交通工具设计、机械设计、玩具设计与建筑设计等专业，更是作为工业设计课程的理想教材，也可供上述行业的从业人员和爱好者阅读参考。

◆ 主　　编　甘玉荣　杨　梅
　　副主编　牟文正　汪惟宝　周晓成
　　责任编辑　刘　佳
　　责任印制　焦志炜

◆ 人民邮电出版社出版发行　　北京市丰台区成寿寺路 11 号
　　邮编　100164　　电子邮件　315@ptpress.com.cn
　　网址　http://www.ptpress.com.cn
　　北京九州迅驰传媒文化有限公司印刷

◆ 开本：787×1092　1/16
　　印张：18　　　　　　　　　　2016 年 8 月第 1 版
　　字数：524 千字　　　　　　　2022 年 7 月北京第 9 次印刷

定价：45.00 元

读者服务热线：(010)81055256　印装质量热线：(010)81055316
反盗版热线：(010)81055315
广告经营许可证：京东市监广登字 20170147 号

Rhino，全称为 Rhinoceros，中文名称为"犀牛"，是由 Robert McNeel&Associates 公司于 1998 研发的一款以 NURBS 为主，功能强大的三维建模软件。Rhino 可以精确地制作出用来作为动画、工程图、分析评估以及生产用的模型，因此被广泛地应用于机械设计、珠宝设计、交通工具设计、服饰设计和建筑设计等领域。

本书主要针对软件零基础的设计者和院校学生，以工业设计中的实际绘制过程为导向，采用全案例的方式来介绍 Rhino 中的建模技术。通过练习来掌握 Rhino 中常用的、重要的命令和操作技巧。按照"教、学、练"的指导思想，将操作方法全面地传授给学生。通过对本书的学习，学生不仅能够快速地掌握 Rhino 中的建模技术，而且通过使用 Keyshot 能呈现出最终的效果图。

本书的主要特点如下。

1. 知识全面：本书全面覆盖了 Rhino 中的实用功能，通过对本书的学习，无论是在机械设计领域，还是在展示设计领域，都能够运用到书中的知识。

2. 符合行情：本书精选案例，不仅涉及的范围广泛，而且符合行业要求，是初学者跨入行业的宝典。

3. 案例多样：全书案例共分 3 类，分别是实例、进阶拓展和实训。实例是针对介绍工具，而设置的难度适中的操作性案例，用于加强实际操作能力；进阶拓展是针对章节中的常用技能，而设置的难度适中的复习性案例，用于锻炼制作思维；实训是为巩固章节中的知识，而设置的综合性案例。

本书主要分为 3 大内容，分别是建模、渲染和实训，书中将全部案例按照由浅入深的原则，落实到书中各个环节。

本书的参考学时为 48 学时，建议采用理论实践一体化教学模式，各项目的参考学时见下面的学时分配表。

章	课 程 内 容	学 时
第 1 章	Rhino 的基本应用	2
第 2 章	曲线绘制技术	8
第 3 章	曲面绘制技术	8
第 4 章	实体绘制技术	4
第 5 章	网格绘制技术	4
第 6 章	工业设计中的建模实训	8
第 7 章	KeyShot 渲染技术	6
第 8 章	工业设计实训	8
课时总计		48

FOREWORD

本书由甘玉荣、杨梅任主编，牟文正、汪惟宝、周晓成任副主编。

由于编者水平有限，书中难免有欠妥和疏漏之处，恳请读者批评指正。

编　者

2016 年 1 月

目录

CONTENTS

CONTENTS

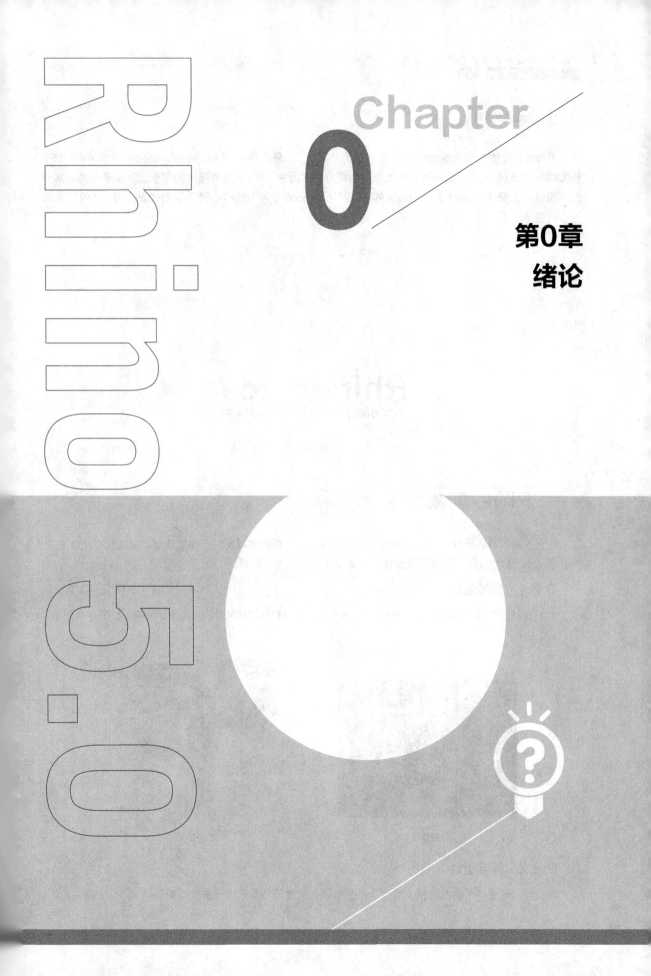

Chapter

0

第0章
绪论

0.1 绪论

    Rhino，全称为 Rhinoceros，中文名称为"犀牛"，是由 Robert McNeel&Associates 公司于 1998 研发的一款以 NURBS（是一种非常优秀的建模方式）为主，PC 上功能强大的专业三维建模软件，其开发人员基本上是原 Alias（开发 Maya 的 Alias/Wavefront 公司）的核心代码编制成员。Rhino 的标志如图 0-1 所示。

图 0-1

0.2 Rhino 能做什么

    Rhino 可以精确地制作出用来作为动画、工程图、分析评估以及生产用的模型，因此被广泛地应用于机械设计、珠宝设计、交通工具设计、服饰设计和建筑设计等领域。

0.2.1 机械设计

机械设计需要将产品的结构、运动方式、各个零件的材料和形状尺寸等特点表现出来，如图 0-2 所示。

图 0-2

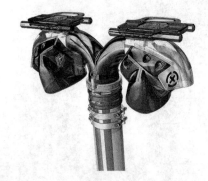

图 0-3

0.2.2 珠宝设计

珠宝设计需要将产品的材料、造型、工艺和流行元素等特点展现出来，如图 0-4 所示。

图 0-4

0.2.3　交通工具设计

交通工具设计需要将产品的材料、结构、造型和力学特性等特点展现出来，如图 0-5 所示。

图 0-5

0.2.4　服饰设计

服饰设计可以将产品的材料、造型、结构、工艺和功能展现出来，如图 0-6 所示。

图 0-6

0.2.5　建筑设计

建筑设计可以将产品的材料、结构、用途和造型等特点展现出来，如图 0-7 所示。

图 0-7

0.3 为什么选择 Rhino

Rhino 是一款"平民化"的软件,它不像 Autodesk Maya、Autodesk SoftImage XSI、Side Effects Software Houdini 等价格高昂的"贵族"软件,Rhino 只需要这些软件的 10~20 分之一的价格,就可以获得完整版的授权许可。Rhino 在安装完成后,只占用不到 600MB 的硬盘空间(包括 64 位和 32 位),并且对硬件配置要求也非常低,一台普通的家庭娱乐 PC,就可以流畅地运行 Rhino。

Rhino5.0 具体有以下 5 个特点。

- 无限制的 3D 建模工具。包含大量实用的建模工具,可以快速地创建客户需要的三维模型。
- 精确度高。可完全按照设计图,创建出精确的三维模型。小到珠宝、首饰,大到飞机、轮船,都可以完美地呈现出设计师的作品。
- 兼容性好。可以与大量的图形设计软件交互。
- 能优化 IGES 文档。可以读取和修补难以处理的 IGES 文档。
- 硬件要求低。在普通的硬件设备上,可以流畅地运行 Rhino。价格实惠,与一般的 Windows 软件相当,并且不需要额外的维护费用。软件操作简单,无需过多的专业技能,便可以轻松掌握软件。

正是 Rhino5.0 具有的这些特点,使得其深受广大设计人员的喜爱。

0.4 Rhino 的成功案例

在工业设计中 Rhino 可以将设计师的构想完美地展现出来,让其他人可以直观地看到作品。如图 0-8 所示为美国福特汽车公司的"野马"系列设计的一款汽车,图左为汽车的设计草图,图右为通过 Rhino 制作的三维模型渲染图。从图中可以看出,Rhino 将设计师的作品完全反映出来,而一些微小的改动是为了使产品更加合理,不影响整体的视觉效果。

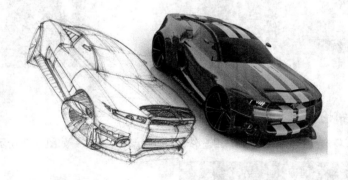

图 0-8

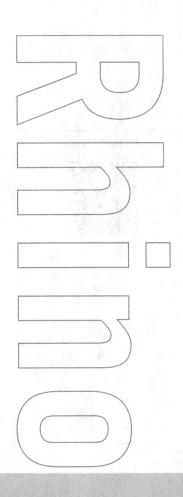

Chapter

1

第1章
Rhino的基本应用

本章先介绍Rhino的功能和优势，然后系统地介绍Rhino 5.0的工作界面、基本操作方法、工具和命令的使用方法等。通过对本章的学习，可以使读者对Rhino 5.0有个基本的认识，并且掌握一些基本工具的使用方法和操作技巧。

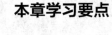

本章学习要点

● 掌握Rhino的基本操作

● 掌握Rhino的文件操作

● 掌握Rhino命令行的使用

● 掌握Rhino的图层操作

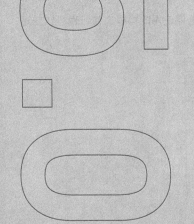

1.1 认识界面结构

场景位置	无	扫码观看视频 01
实例位置	无	
学习目标	熟悉界面的布局	

双击快捷图标，弹出 Rhino 5.0 的启动画面，如图 1-1 所示。

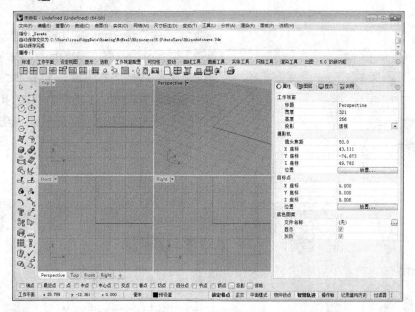

图1-1

启动 Rhino 5.0 时，会显示预设窗口，在该窗口下可以选择一个需要使用的模板文件，也可以快速打开最近使用的文件，如图 1-2 所示。

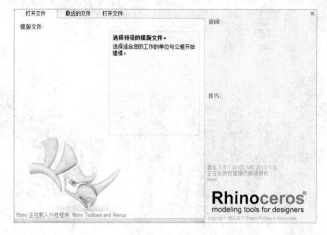

图1-2

技巧与提示

在初次启动时，预设窗口中的【模板文件】列表没有任何文件，Rhino 5.0 提供了【大物件】和【小物件】
两种类型的模板文件，它们的区别在于【绝对公差】等设置不同，如图 1-3 所示；按照单位来划分，
Rhino 5.0 提供了【米】【厘米】【毫米】【英寸】和【英尺】5 种单位。通常选择【大物件 – 毫米】或【小
物件 – 毫米】模板文件，因为【毫米】是设计中最常用的计量单位。

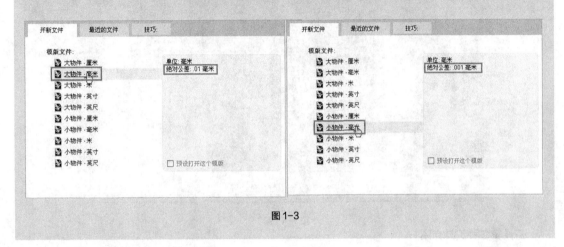

图1-3

　　Rhino 5.0 的工作界面分为【标题栏】【菜单栏】【命令栏】【工具栏】【边栏】【工作视图】【图形面板】
和【状态栏】，如图 1-4 所示。

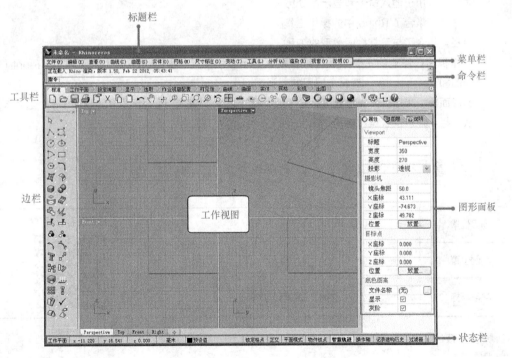

图1-4

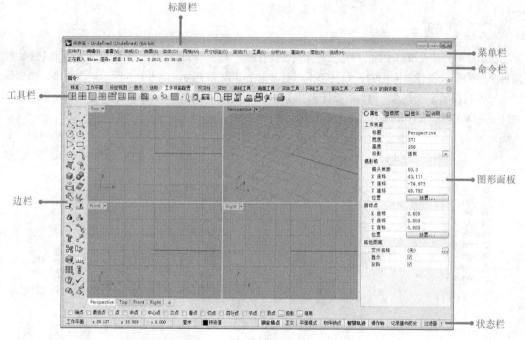

图1-4（续）

工具箱各种工具介绍

- 标题栏：显示软件版本和文件名称。
- 菜单栏：集合了 Rhino 所有的命令。
- 命令栏：用于输入命令和显示命令历史。
- 工具栏：集合了 Rhino 中的操作工具。
- 边栏：集合了与工具栏同类型的工具。
- 工作视图：作业的主要活动区域，默认显示 Top（上）视图、Front（前）视图、Right（右）视图和 Perspective（透视）视图 4 个视图。
- 图形面板：用于提高操作效率，该面板包括【属性】【图层】【显示】和【说明】4 个选项卡。
- 状态栏：显示系统操作时的信息。

1.2 设置用户界面

场景位置	无	扫码观看视频 02
实例位置	无	
学习目标	掌握如何设置用户界面	

操作思路

在 Rhino 5.0 中执行相关的菜单命令，可以打开【Rhino 选项】对话框，在该对话框中可以对界面进行设置。另外，对界面中的面板进行拖曳等操作，可改变面板的外观。

操作命令

本例的操作命令是【工具】→【工具列配置】命令，如图 1-5 所示。单击该命令后，将打开【Rhino 选项】对话框，如图 1-6 所示。

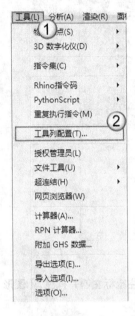

图 1-5

图 1-6

操作步骤

STEP 将光标移动到【边栏】的顶端，使光标呈 ✛ 状，然后按住鼠标左键并拖曳，工具栏会脱离原始位置跟随光标移动，如图 1-7 所示。

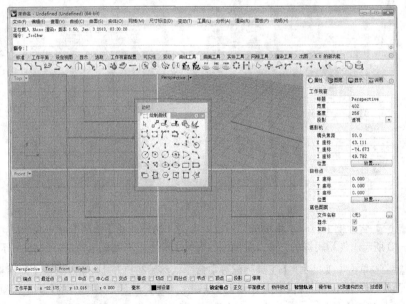

图 1-7

STEP 2 将光标移至【边栏】的顶端，按住鼠标左键并拖曳到原始位置，原始位置处会以蓝色显色，然后松开鼠标左键，此时【边栏】将被放置在边缘，如图1-8所示。

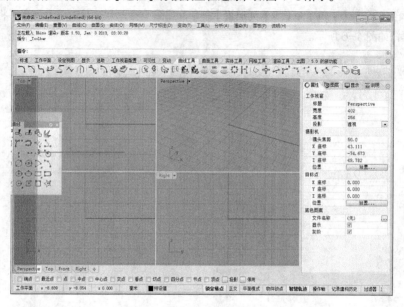

图1-8

STEP 3 将指针移至【图形面板】的边缘，使光标呈⟷状，然后按住鼠标左键并拖曳，【图形面板】将会跟随光标改变大小，如图1-9所示。

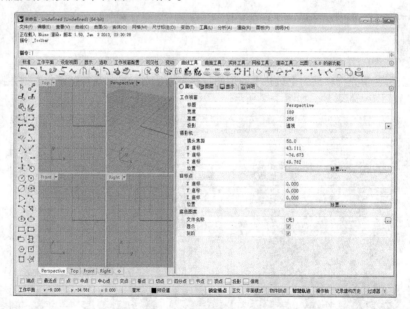

图1-9

STEP 4 将左侧【边栏】拖曳至工作视图中间，然后单击【边栏】右上角的 ⊗ 按钮关闭【边栏】，如图1-10所示。使用同样的方法，关闭【工具栏】和【图形面板】，如图1-11所示。

STEP 5 单击【工具】>【工具列配置】命令，然后在打开【Rhino 选项】对话框中，单击左侧列表中的【工具列表】，接着单击【还原预设值】按钮 还原预设值 ，在打开的【重设为预设的工具列】对话框中，单击【确定】按钮 确定 关闭对话框，如图1-12所示，最后在打开的【工具列重设指令】

对话框中，单击【确定】按钮 确定 ，如图 1-13 所示。

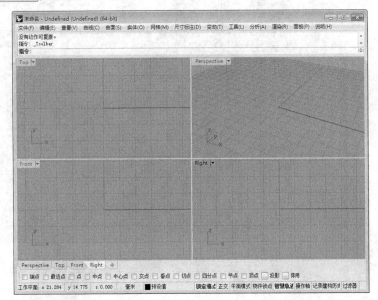

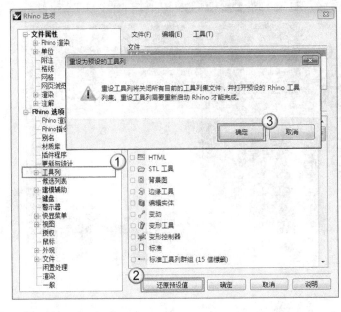

图 1-10

图 1-11

图 1-12

图 1-13

STEP 6 关闭 Rhino 5.0，然后再次启动 Rhino 5.0，【工具栏】和【边栏】恢复原状，如图 1-14 所示。

STEP 7 单击【面板】>【图层】命令，如图 1-15 所示，打开【图形面板】，如图 1-16 所示。

实例总结

本实例通过设置【工具栏】【边栏】和【图形面板】，讲解了如何对工具栏和面板进行移动、改变大小、关闭和显示等操作的方法。另外，在【Rhino 选项】对话框中，还包括一些其他的基础属性，在后面的章节中会介绍如何设置其他属性。

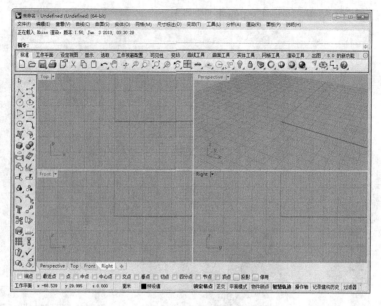

图 1-14

图 1-15

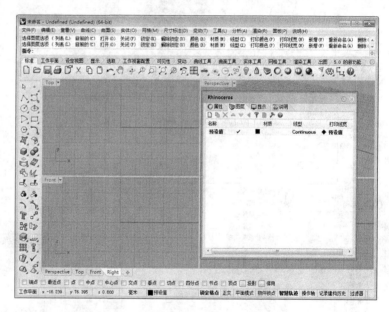

图 1-16

1.3 文件的基本操作

场景位置	场景文件 >CH01>1.3_A.3dm、1.3_B.3dm
实例位置	实例文件 >CH01>1.3_A.3dm、1.3_B.3dm
学习目标	掌握新建文件、打开文件、导入文件和导出文件等方法

扫码观看视频 03

操作思路

文件的基本操作包括新建文件、打开文件、导入文件、导出文件和保存文件等常规操作。

操作命令

本例的操作命令是【文件】菜单下的【新建】【打开】【保存文件】【另存为】【导入】和【导出选取的物件】命令，如图 1-17 所示。

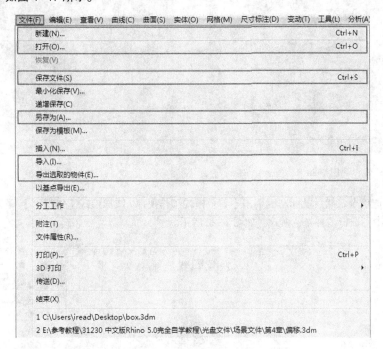

图 1-17

操作步骤

STEP 执行【文件】>【打开】命令，打开【打开】对话框，然后选择"场景文件 >CH01>1.3_A.3dm"文件，接着单击【打开】按钮，如图 1-18 所示。视图中将出现立方体模型，效果如图 1-19 所示。

图 1-18

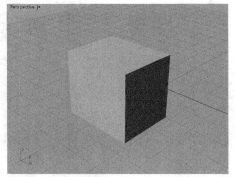

图 1-19

技巧与提示

默认情况下，Rhino 中的模型会以线框模式显示，如图 1-20 所示。

单击鼠标中键，然后在打开的面板中，用鼠标左键单击【渲染模式工作视窗】按钮 ，效果如图 1-21 所示。

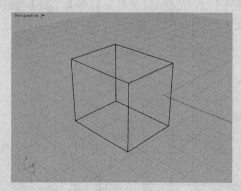

图 1-20   图 1-21

切换【标准】选项卡，然后鼠标左键单击【着色模式工作视窗 / 线框模式工作视窗】 下的三角按钮，在打开的面板中可选择多种着色模式，如图 1-22 所示。

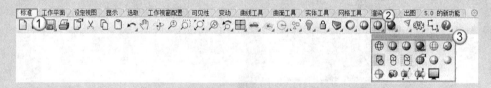

图 1-22

STEP 02 执行【文件】>【导入】命令，打开【导入】对话框，然后选择"场景文件 >CH01>1.3_B.3dm"文件，接着鼠标左键单击【打开】按钮 打开(O) ，如图 1-23 所示。视图中将出现球体模型，效果如图 1-24 所示。

 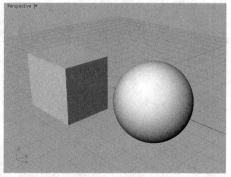

图 1-23   图 1-24

STEP 3 执行【文件】>【另存为】命令，然后在打开的【储存】对话框中，选择一个输出路径，接着输入【文件名】为"1.3_A"，最后鼠标左键单击【保存】按钮 保存(S)，如图 1-25 所示。

STEP 4 选择球体模型，然后执行【文件】>【导出选取物件】命令，接着在打开的【导出】对话框中，选择一个输出路径，再输入【文件名】为"1.3_B"，最后单击【保存】按钮 保存(S)，如图 1-26 所示。

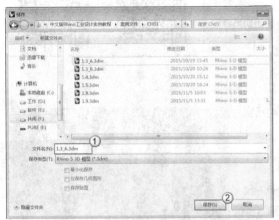

图 1-25

图 1-26

STEP 5 执行【文件】>【新建】命令，然后在打开的【打开模板文件】对话框中，鼠标左键单击【不使用模板】按钮 不使用模板(M)，如图 1-27 所示，此时场景被重置成为一个空场景，如图 1-28 所示。

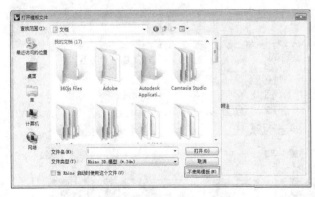

图 1-27

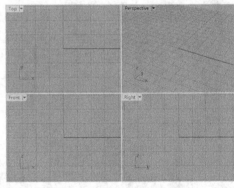

图 1-28

 技巧与提示

默认情况下，工作视图会以四视图显示，在后面的章节中会详细地介绍视图的设置。

实例总结

本实例是通过对文件进行一系列操作，来掌握如何对 Rhino 中的文件进行基础操作。Rhino 可以导入多种不同格式的文件，在与其他软件协作的过程中，可以快速地完成数据交换，以达到项目需求。

1.4 视图的基本操作

场景位置	场景文件 >CH01>1.4.3dm	扫码观看视频 04A 04B
实例位置	无	
学习目标	掌握视图的旋转、平移、缩放以及视图切换等操作的方法	

操作思路

视图的基本操作主要是对视图区域进行操作，包括视图的旋转、平移、缩放以及视图的切换等。

操作工具

本例的操作工具是按住鼠标右键（旋转）、Shift+ 鼠标中键（平移）、Ctrl+ 鼠标右键（缩放）对视图进行操作，并在各个视图中进行切换操作，视图界面如图 1-29 所示。

操作步骤

STEP 新建场景，切换到【标准】选项卡，然后鼠标左键单击【四个视窗 / 预设的四个视窗】田下的三角按钮，在打开的面板中单击鼠标左键【最大化 / 还原视图】按钮，如图 1-30 所示。视图由 4 个视图变为 1 个视图，如图 1-31 所示。

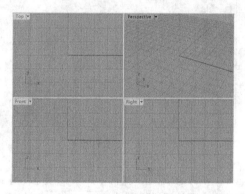

图 1-29

图 1-30

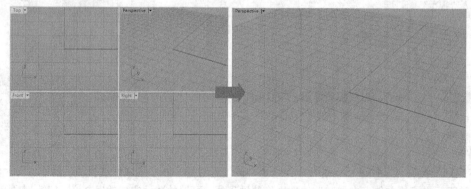

图 1-31

技巧与提示

图所示的面板中，包含的是一些关于改变视图结构的工具，可快速调整视图的外观。

STEP 02　在【工作视窗】中，鼠标左键单击左上角的三角按钮，在打开的菜单中选择【设置视图】命令，其子菜单中可以选择切换视图的命令，如图 1-32 所示。另外，也可以鼠标左键单击视窗下方的标签，切换到对应的视图，如图 1-33 所示。

图1-32

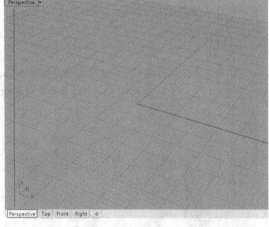

图1-33

STEP 03　打开"场景文件 >CH01>1.4.3dm"文件，如图 1-34 所示。

STEP 04　按住鼠标右键并拖曳图中物体，视图跟随光标旋转，如图 1-35 所示。

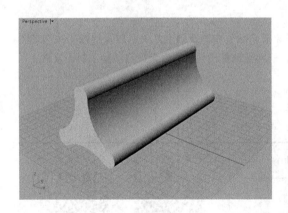

图1-34

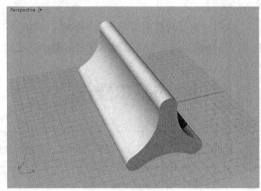

图1-35

 技巧与提示

当旋转视图时，左下角的坐标轴也会发生相应的变化，如图 1-36 所示。

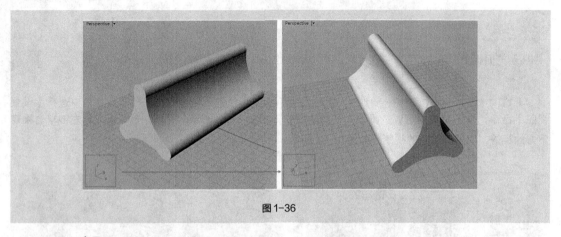

图1-36

STEP 5 按住 Ctrl+ 鼠标右键并拖曳物体，视图跟随光标缩放，如图 1-37 所示。
STEP 6 按住 Shift+ 鼠标右键并拖曳物体，视图跟随光标平移，如图 1-38 所示。

图1-37　　　　　　　　　　　　　　　　　　图1-38

实例总结

　　本实例通过对视图进行一系列操作，讲解了对象在 Rhino 中的三维空间关系以及视图的操作方法。在制作三维模型时，整个过程都是在视图中完成的，能熟练地操作视图将大大提高模型的制作效率。

1.5　对象的基本操作

场景位置	场景文件 >CH01>1.5.3dm	扫码观看视频 05A　　　05B
实例位置	无	
学习目标	掌握对象的选择、移动、旋转和缩放等操作的方法	

操作思路

　　对象指的是场景中的模型，在 Rhino 中也可称为物件，包括点、曲线、曲面、实体和网格等。对象的基本操作包括对对象进行选择、移动、旋转和缩放。

操作工具

本例的操作工具是【状态栏】中的【操作轴】功能，如图 1-39 所示。

| 锁定格点 | 正交 | 平面模式 | 物件锁点 | 智慧轨迹 | 操作轴 | 记录建构历史 | 过滤器 |

图 1-39

操作步骤

STEP 1 打开"场景文件 >CH01>1.5.3dm"文件，如图 1-40 所示。

STEP 2 将光标移动到球体上，然后单击选择球体，如图 1-41 所示，接着按住 Shift 键并单击环状体，可加选环状体，如图 1-42 所示，再按住 Ctrl 键并单击球体，可减选球体，如图 1-43 所示，最后按住鼠标左键并拖曳，使出现的矩形框包围模型，即可选择矩形框中的对象，如图 1-44 所示。

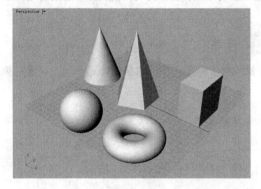

图 1-40

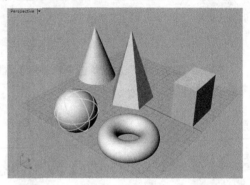

图 1-41

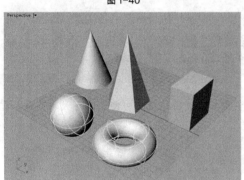

图 1-42

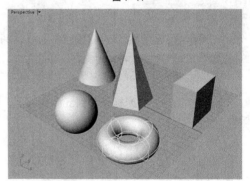

图 1-43

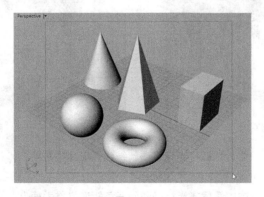

图 1-44

技巧与提示

切换到【标准】选项卡，然后鼠标左键单击【选取全部】下的三角按钮，在打开的面板中包含了许多选择工具，如图 1-45 所示，可根据需要使用相应的工具选择对象。

图 1-45

STEP 3 鼠标左键单击【状态栏】右侧的【操作轴】选项，当字体呈粗体显示时，该选项被激活，如图 1-46 所示。

锁定格点 | 正交 | 平面模式 | 物件锁点 | 智慧轨迹 | **操作轴** | 记录建构历史 | 过滤器 |

图 1-46

STEP 4 在【工作视图】中选择球体，球体上出现操作手柄，如图 1-47 所示。

 技巧与提示

激活【操作轴】选项后，选择对象上的操作手柄，分为红、绿、蓝 3 种颜色，分别代表了 X、Z、Y 轴。通过操作不同的手柄，可使对象在不同的方向，发生不同的变换操作。

STEP 5 将光标移动到红色箭头上，然后按住鼠标左键并拖曳，可使球体在 X 轴方向移动，如图 1-48 所示。

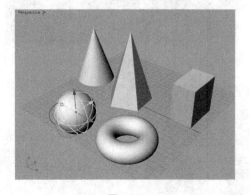

图 1-47

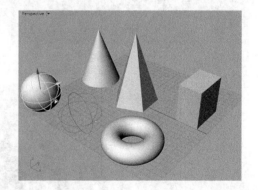

图 1-48

STEP 6 选择环状体，然后将光标移动到绿色弧形操作手柄上，并按住鼠标左键拖曳，环状体将在 Z 轴方向上产生旋转，如图 1-49 所示。

STEP 7 选择立方体，然后将光标移动到蓝色矩形操作手柄上，并按住鼠标左键拖曳，立方体将在 Y 轴方向上拉长，如图 1-50 所示。

图1-49

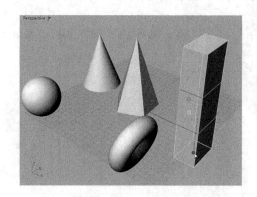

图1-50

实例总结

通过对对象进行移动、旋转、缩放等操作，来掌握 Rhino 中对象的基本操作。任何复杂的模型都是建立在这些基本操作上的，因此需要多练习来达到熟练掌握。

1.6 命令的基本操作

		扫码观看视频 06A	06B
场景位置	无		
实例位置	无		
学习目标	掌握命令的使用方法		

操作思路

命令是 Rhino 中使用频率很高的一种操作方式，可通过在输入命令关键字，来快速执行命令以及修改命令的参数。

操作工具

本例的操作工具是在【命令行】中输入命令的关键字，然后按 Enter 键确认，来完成用户的操作，【命令行】界面如图 1-51 所示。

```
正在复原 图层 - 改变可见性
指令: _Undo
正在复原 图层 - 改变可见性
指令: _New
指令: |
```

图1-51

操作步骤

STEP 01 新建场景，将【工作视图】最大化，然后输入 Cir，可以发现在【命令行】自动列出

与字母 Cir 相关的命令，如图 1-52 所示

图1-52

 技巧与提示

在输入命令时，可以不必输入完整的代码，Rhino 会根据输入的字符显示相关的命令，以便于用户查找使用。

STEP 2 按 Enter 键确认操作，然后输入 0，如图 1-53 所示，接着按 Enter 键确认，再输入 15，如图 1-54 所示，最后按 Enter 键完成操作，效果如图 1-55 所示。

图1-53

图1-54

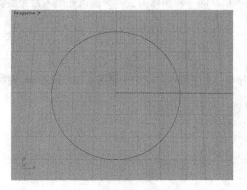

图1-55

STEP 3 选择圆形曲线，然后输入 Delete，接着按 Enter 键完成操作，如图 1-56 所示，圆形曲线随即被删除。

```
指令: Circle
圆心（可塑形的(D) 垂直(V) 两点(P) 三点(O) 正切(T) 环绕曲线(A) 逼近数个点(F)）: 0
半径 <15.000>（直径(D) 定位(O) 周长(C) 面积(A)）: 15
已加入 1 条曲线至选取集合。
指令: Delete
        Delete
        DeleteHole
        DeleteMeshFaces
        DeleteSubCrv

        UndoSelected
        ShadeSelected
        SelLinetype
        SetLinetype
        SelConnected
        ShowSelected
        WeldVertices
```

图 1-56

@ 技巧与提示

可以在【命令行】中观察到，执行过的命令都会被记录，如图 1-57 所示。

```
正在载入 Rhino 渲染，版本 1.50, Jan 3 2013, 03:30:28
指令: _MaxViewport
指令: Circle
圆心（可塑形的(D) 垂直(V) 两点(P) 三点(O) 正切(T) 环绕曲线(A) 逼近数个点(F)）: 0
半径 <15.000>（直径(D) 定位(O) 周长(C) 面积(A)）: 15
已加入 1 条曲线至选取集合。
指令: Delete
指令:
```

图 1-57

STEP 04 输入 Spiral 按 Enter 键确认，然后两次单击鼠标左键分别确认螺旋线的【轴的起点】和【轴的终点】，如图 1-58 所示。

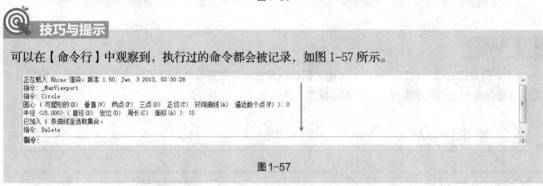

图 1-58

STEP 05 在【命令行】中，鼠标左键单击【圈数】参数，如图 1-59 所示，然后输入 20，按 Enter 键确认操作，如图 1-60 所示，效果如图 1-61 所示。

```
指令: _Delete
指令: Spiral
轴的起点（平坦(F) 垂直(V) 环绕曲线(A)）:
轴的终点:
第一半径和起点 <3.000>（直径(D) 模式(M)=圈数 圈数(T)=10 螺距(P)=3 反向扭转(R)=否）:
```

图 1-59

```
指令: Spiral
轴的起点（平坦(F) 垂直(V) 环绕曲线(A)）:
轴的终点:
第一半径和起点 <3.000>（直径(D) 模式(M)=圈数 圈数(T)=10 螺距(P)=3 反向扭转(R)=否）: 圈数
圈数 <10>: 20
```

图 1-60

STEP 06 鼠标左键两次单击确认螺旋线的【第一半径和起点】及【第二半径】，效果如图 1-62 所示。

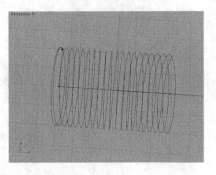

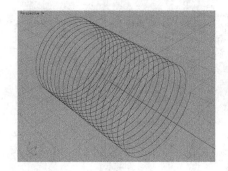

图1-61 图1-62

实例总结

本实例是通过输入代码，来完成创建、删除以及设置参数等操作。在实际的工作中，熟练使用命令可以在查找命令上节省很多时间，变相地提高工作效率。

1.7 复制对象

场景位置	场景文件 >CH01>1.3_B.3dm
实例位置	无
学习目标	掌握不同方式的复制工具

扫码观看视频 07A 07B

操作思路

复制对象是常用的一种对象操作方法，在 Rhino 中提供了很多种复制的方法，以便提高用户的工作效率。

操作工具

本例用到的操作工具是组合键 Ctrl+C（复制）、组合键 Ctrl+V（粘贴）、【复制 / 原地复制物件】、【矩形阵列】、【镜像 / 三点镜像】，如图 1-63 所示。

图1-63

技巧与提示

在 Rhino 中，很多工具图标下包括两个功能，通过单击和右击，来执行对应的功能，如图 1-64 所示。

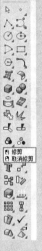

图 1-64

操作步骤

STEP 1 打开"场景文件 >CH01>1.3_B.3dm"文件，然后选择球体，接着单击【复制 / 原地复制物件】按钮，然后鼠标左键单击确定【复制的起点】，接着单击确定【复制的终点】，最后单击鼠标右键完成操作，如图 1-65 所示，效果如图 1-66 所示。

STEP 2 按组合键 Ctrl+Z 撤销，然后选择球体按组合键 Ctrl+C 复制，接着按组合键 Ctrl+V 粘贴球体，复制出来的球体会与原始球体完全重合，可拖曳球体观察变化，如图 1-67 所示。

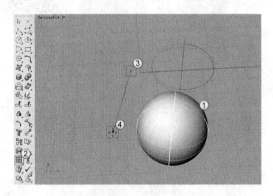

图 1-65

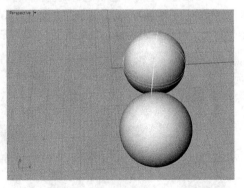

图 1-66

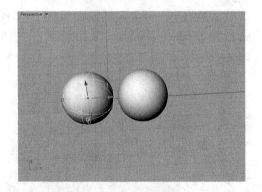

图 1-67

STEP 3 按组合键 Ctrl+Z 撤销，然后选择球体，接着鼠标左键单击按钮，再在【命令行】输入【X 方向的数目】为 10 右击确认、输入【Y 方向的数目】为 5 右击确认、输入【Z 方向的数目】为

2 右击确认，最后 3 次单击确认阵列 3 个方向上的间距，如图 1-68 所示，效果如图 1-69 所示。

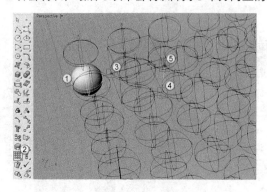

图 1-68

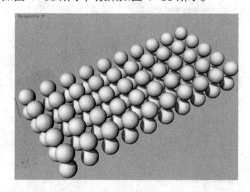

图 1-69

技巧与提示

单击【矩形阵列】按钮 旁的三角按钮，在打开的面板中还包括其他 5 种阵列方式，如图 1-70 所示。在后面的章节中，将会详细介绍。

图 1-70

STEP 按组合键 Ctrl+Z 撤销，然后选择球体，接着单击【移动】工具 旁的三角按钮，再单击【镜像/三点镜像】按钮 ，最后两次单击来确定镜像的对称轴，如图 1-71 所示，效果如图 1-72 所示。

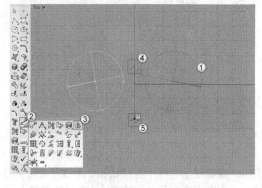

图 1-71

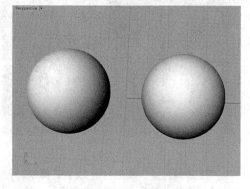

图 1-72

实例总结

本实例是通过使用不同的方法，来复制对象。Rhino 中的复制方式有很多，每种方式都有各自的特点，在实际工作中，结合各种复制方法的使用，可大大提高工作效率。

1.8 合并和分离对象

场景位置	场景文件 >CH01>1.8.3dm
实例位置	无
学习目标	掌握不同方式的合并、分离对象的方法

扫码观看视频 08A   08B

操作思路

在 Rhino 中有很多种合并和分离对象的方式，可以让用户更加方便的管理对象，以及进一步的操作。

操作工具

本例用到的操作工具是【组合】、【炸开 / 抽离曲面】、【修剪 / 取消修剪】、【分割 / 以结构线分割曲面】、【群组】和【解散群组】，如图 1-73 所示。

操作步骤

STEP 1 打开"场景文件 >CH01>1.8.3dm"文件，然后单击【修剪 / 取消修剪】按钮，接着选择圆形曲线并右击确认，最后单击圆形区域内的球体部分，如图 1-74 所示，效果如图 1-75 和图 1-76 所示。

图 1-73

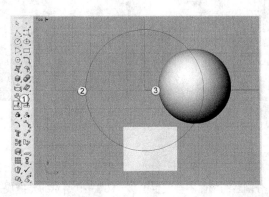

图 1-74

图1-75

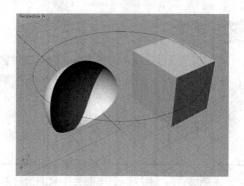

图1-76

技巧与提示

鼠标左键单击【修剪/取消修剪】按钮⌐，然后选择圆形曲线并右击确认，接着单击圆形区域外的立方体部分，效果如图 1-77 所示。

图1-77

STEP 02 按组合键 Ctrl+Z 撤销，然后选择球体，接着单击【分割/以结构线分割曲面】按钮⌐，再选择圆形曲线，最后右击完成操作，如图 1-78 所示，效果如图 1-79 所示。

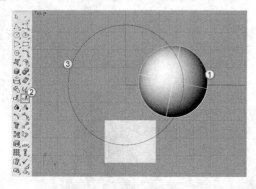

图1-78

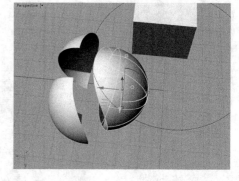

图1-79

技巧与提示

默认情况下，分割后的物体不会发生位移，图 1-79 所示的是拖曳后的效果。

**STEP ** 按组合键 Ctrl+Z 撤销，然后选择立方体，接着鼠标左键单击【炸开】按钮 ，如图 1-80 所示，效果如图 1-81 所示。

图 1-80

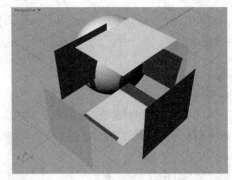

图 1-81

技巧与提示

默认情况下，分割后的物体不会发生位移，图 1-81 所示为拖曳后的效果。

STEP 选择炸开后的立方体，然后鼠标左键单击【组合】按钮 ，如图 1-82 所示，使分离后的物件就被合并在一起。

STEP 选择球体和立方体，然后鼠标左键单击【群组】按钮 ，如图 1-83 所示，使两个对象物件在一起。

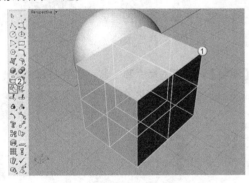

图 1-82

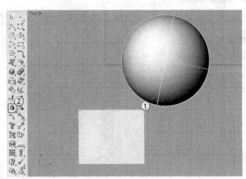

图 1-83

STEP 选择群组后的物件，然后单击【解散群组】按钮 ，如图 1-84 所示，即可使物件分离。

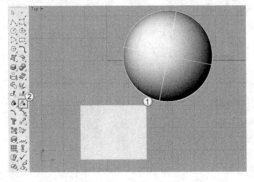

图 1-84

技巧与提示

【组合】工具🐾可将多个相交的物件合并为一个物件，而【群组】工具🍡是把多个不相交的物件合并为一个物件。

实例总结

本实例是通过对对象执行合并和分离的操作，来掌握相关命令。需要注意的是，【修剪 / 取消修剪】工具🔧和【分割 / 以结构线分割曲面】工具🔧会使对象造型产生变化。

1.9 图层的操作

场景位置	场景文件 >CH01>1.9.3dm	扫码观看视频 09
实例位置	无	
学习目标	掌握新建、重命名、复制和删除图层的方法	

操作思路

在【图形面板】中选择【图层】标签，可以新建、重命名、复制、删除图层。

操作工具

本例的操作工具是【图形面板】中的【属性】和【图层】标签下的命令和工具，如图 1-85 所示。

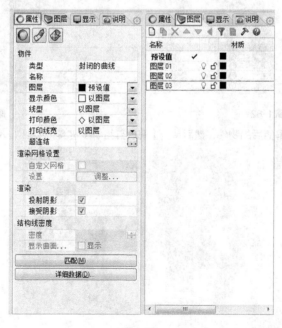

图 1-85

操作步骤

STEP 打开 "场景文件 >CH01>1.9.3dm" 文件, 如图 1-86 所示。

STEP 在【图形面板】中选择【图层】标签, 然后在列表的空白处右击, 接着选择【新图层】命令, 如图 1-87 所示。

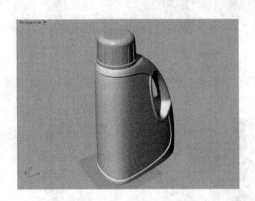

图 1-86

图 1-87

STEP 列表中新建了一个名为【图层 01】的图层, 选择该图层并右击, 在打开的菜单中选择【重新命名图层】命令, 如图 1-88 所示, 然后输入图层名为 "瓶身", 如图 1-89 所示。

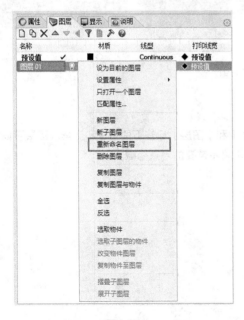

图 1-88

图 1-89

STEP 14 选择瓶身模型，然后在【图形面板】中切换到【属性】标签，设置【图层】为【瓶身】，如图 1-90 所示。

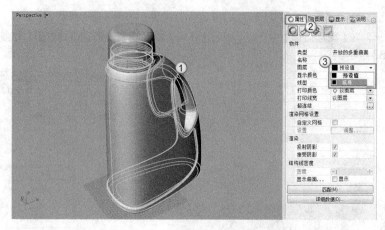

图1-90

STEP 15 在【图形面板】中选择【图层】标签，然后鼠标左键单击 💡 按钮使之呈 💡 状，场景中的瓶身被隐藏，如图 1-91 所示。

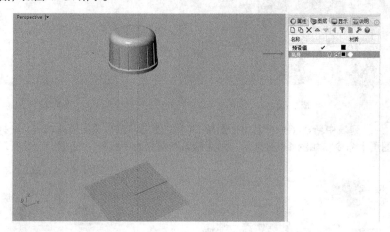

图1-91

实例总结

本实例是通过图层的基本操作，来掌握【属性】和【图层】标签下的命令和工具。图层可以方便地管理场景中的对象，在制作模型的过程中可以快速地将不需要的对象隐藏。

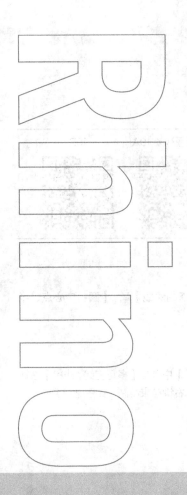

Chapter

2

第2章
曲线绘制技术

曲线是NURBS模型中的基础元素，可以生成相应的曲面。绘制曲线是NURBS建模中的一项重要技能，可制作高细节、高难度的工业模型。Rhino提供了丰富的曲线绘制工具，能够快速地绘制直线、曲线、圆和多边形等形状。本章主要介绍一些常用的曲线工具，以及这些工具的使用方法。通过对本章的学习，可以制作出符合各种要求的曲线，提高在后期曲面建模时的效率。

本章学习要点

- 掌握曲线的基本操作
- 掌握编辑和调整曲线的方法
- 掌握从对象上生成曲线的方法
- 掌握文字的制作

2.1 曲线的基本操作

场景位置	无
实例位置	无
学习目标	学习如何创建和编辑曲线

扫码观看视频 10A　　10B

操作工具

　　本例的操作工具是【多重直线 / 线段】、【控制点曲线 / 通过数个点的曲线】、【圆：中心点、半径】和【打开点 / 关闭点】，如图 2-1 所示。

操作步骤

STEP 01 新建一个场景，切换到【标准】选项卡，然后在【边栏】中单击【多重直线 / 线段】按钮，此时光标呈状，接着在视图中单击创建直线，绘制完直线后单击鼠标右键结束绘制，如图 2-2 所示。

图 2-1

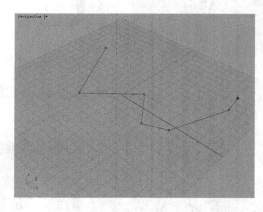

图 2-2

技巧与提示

当绘制完图形后，可通过以下 3 种方法，确认绘制的图形。

第 1 种方法：单击鼠标右键。

第 2 种方法：按 Space 键。

第 3 种方法：按 Enter 键。

执行实例中的操作，可使 Rhino 重复上一次的操作。

STEP **2** 在【边栏】中单击【控制点曲线/通过数个点的曲线】按钮 ，此时光标呈 状，然后在视图中单击鼠标左键创建曲线，绘制完曲线后单击鼠标右键结束绘制，如图 2-3 所示。

STEP **3** 在【边栏】中用鼠标左键单击【圆：中心点、半径】按钮 ，此时光标呈 状，然后在视图中单击确定圆心，再次单击确定圆的半径，接着单击鼠标右键结束绘制，如图 2-4 所示。

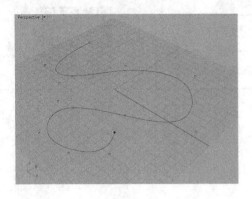

图 2-3

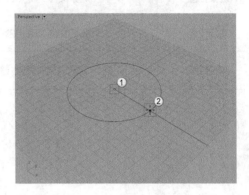

图 2-4

技巧与提示

在绘制曲线时，激活【状态栏】中的【锁定格点】选项，如图 2-5 所示，可以使光标捕捉到网格点上，以便于控制绘制图形的形状。

锁定格点 正交 平面模式 物件锁点 智慧轨迹 操作轴 记录建构历史 过滤器 i

图 2-5

STEP **4** 选择圆，然后鼠标左键单击【边栏】中的【打开点/关闭点】按钮 ，此时圆的周围出现控制点，如图 2-6 所示。选择 X 轴方向上的控制点，然后向 X 轴拖曳改变图的形状，如图 2-7 所示。

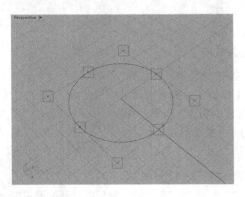

图 2-6

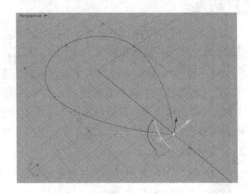

图 2-7

实例总结

本实例通过绘制直线、曲线和圆，来介绍【多重直线/线段】工具 、【控制点曲线/通过数个点的曲线】工具 、【圆：中心点、半径】工具 和【打开点/关闭点】工具 的使用方法和操作技巧。其他曲线绘制工具的使用方法与本例中的工具基本一致，可依此类推。

2.2 直线：花形图案

场景位置	场景文件 >CH02>2.2.3dm	扫码观看视频 11
实例位置	实例文件 >CH02>2.2.3dm	
学习目标	掌握通过不同方式绘制直线	

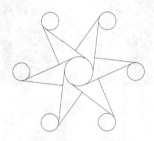

操作思路

　　花形图案是一个由圆和直线组成的图形，四周的圆通过切线和垂线与中间的圆连接。使用【直线：起点与曲线正切】工具 和【直线：起点正切、终点垂直】工具 绘制切线和垂线，使圆相互连接，形成最终效果。

操作工具

　　本例用到的操作工具是【直线：起点与曲线正切】 和【直线：起点正切、终点垂直】 ，如图 2-8 所示。

操作步骤

　　STEP 　打开"场景文件 >CH02>2.2.3dm"文件，然后设置【工作视图】为单视图，接着切换到 Top（上）视图，如图 2-9 所示。

　　STEP 　鼠标左键单击【多重直线 / 线段】按钮 旁的三角按钮，然后在打开的面板中，单击【直线：起点与曲线正切】按钮 ，接着将光标指向顶端的圆，可以看到在圆的边缘上出现了切点和对应的切线，如图 2-10 所示，再在该圆的左侧单击确定第 1 点，最后在中间的圆上部确定第 2 点，如图 2-11 所示。

　　STEP 　使用相同的方法继续绘制曲线相切线，如图 2-12 所示。

图 2-8

　　STEP 　鼠标左键单击【多重直线 / 线段】按钮 旁的三角按钮，然后在打开的面板中，单击【直线：起点正切、终点垂直】按钮 ，接着在上端的圆上单击确定第 1 点，接着将鼠标移动到对应的直线上确定垂足，如图 2-13 所示。

　　STEP 　使用相同的方法绘制多条起点正切、终点垂直的直线，如图 2-14 所示。

实例总结

　　本实例通过制作一个花形图案，来介绍【直线：起点与曲线正切】工具 和【直线：起点正切、终点垂直】工具 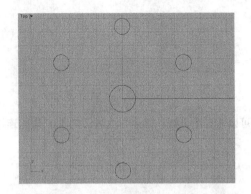 的使用方法。在使用该工具时，需注意起点和终点的位置。

图 2-9

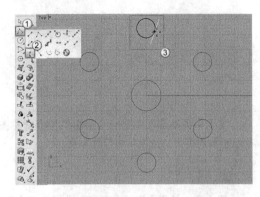

图 2-10

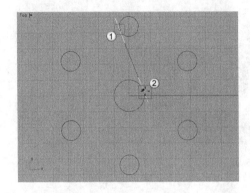

图 2-11

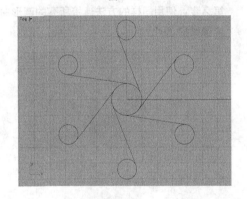

图 2-12

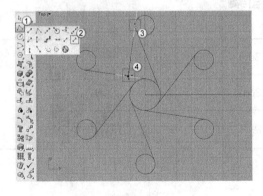

图 2-13

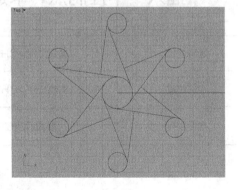

图 2-14

进阶拓展

		扫码观看视频 12
场景位置	场景文件 >CH02>2.2.3dm	
实例位置	实例文件 >CH02> 练习 01.3dm	

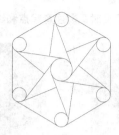

实例中的花形图案是一个简单的中心对称图形，可以通过【直线：起点与曲线正切】工具 ⌇ 连接花形图案的每个角，使其细节更丰富。

制作提示

第 1 步：使用【直线：起点与曲线正切】工具 ⌇ ，连接相邻的两个圆形曲线。

第 2 步：使用同样的方法连接所有的圆形曲线。

步骤如图 2-15 所示。

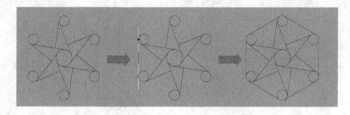

图 2-15

2.3 插入一个控制点：卡通狗图案

场景位置	场景文件 >CH02>2.3.3dm	扫码观看视频 13
实例位置	实例文件 >CH02>2.3.3dm	
学习目标	掌握添加控制点的方法	

操作思路

卡通狗图案是多条曲线组成的，在绘制前可根据图案特点，将其分为若干部分，然后使用【控制点曲线 / 通过数个点的曲线】工具 ⌇ ，绘制出每个部分的形状。在绘制时，曲线往往会不准确，可使用【插入一个控制点】工具 ⌇ 添加控制点，再将绘制的曲线调整准确。

操作工具

　　本例的操作工具是【插入一个控制点】，如图 2-16 所示。

操作步骤

　　STEP 1 打开"场景文件 >CH02>2.3.3dm"文件，然后设置为单个工作视窗，接着切换到 Top（上）视图，如图 2-17 所示。

　　STEP 2 鼠标左键单击【控制点曲线 / 通过数个点的曲线】按钮，参考背景图片在 Top（上）视窗连续单击鼠标左键确定多个点，并按 Enter 键结束绘制，可以得到一条曲线，如图 2-18 所示。

　　STEP 3 选择绘制的曲线，按 F10 键显示控制点，然后选择控制点进行拖曳，调节曲线的形状，使曲线与参考图吻合，如图 2-19 所示。

　　STEP 4 鼠标左键单击【插入一个控制点】按钮，然后在卡通狗轮廓线上单击以增加一个控制点，并按 Enter 键结束命令，如图 2-20 所示。接着选择这条曲线，再按 F10 键打开控制点。最后将增加的控制点拖曳到合适的位置，调整曲线的形态，如图 2-21 所示。

　　STEP 5 重复使用【控制点曲线 / 通过数个点的曲线】工具和【插入一个控制点】按钮，绘制出卡通狗的其他轮廓线，如图 2-22 所示。

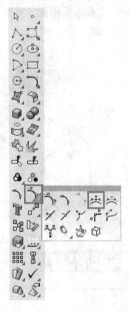

图 2-16

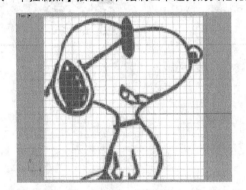

图 2-17

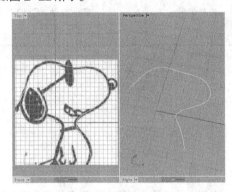

图 2-18

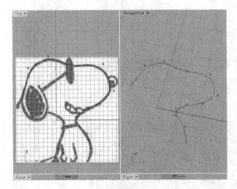

图 2-19

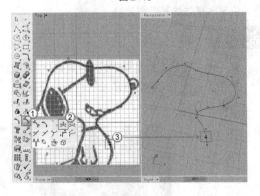

图 2-20

实例总结

　　本实例通过制作一个卡通狗图案，来介绍【插入一个控制点】工具的使用方法。在绘制曲线时，该工具经常用到。另外，【移除一个控制点】工具 ∽ 和【插入一个控制点】工具 ∴ 配合使用，能提升工作效率。

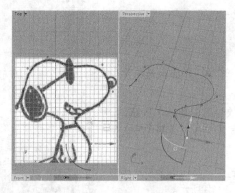
图 2-21

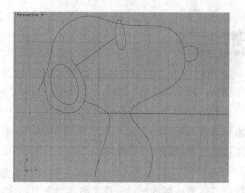
图 2-22

进阶拓展

		扫码观看视频 14
场景位置	场景文件 >CH02>2.3.3dm	
实例位置	实例文件 >CH02> 练习 02.3dm	

实例中的卡通狗图案还有很多细节没有表现出来，可使用【控制点曲线 / 通过数个点的曲线】工具 ⌐, 绘制出身体的其他部分。

制作提示

第 1 步：使用【控制点曲线 / 通过数个点的曲线】工具 ⌐, 绘制出嘴部的曲线。

第 2 步：使用同样的方法绘制脖子的项圈。

步骤如图 2-23 所示。

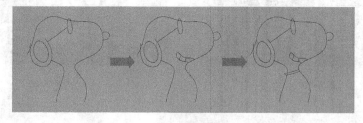
图 2-23

2.4 圆：正切、正切、半径：零件平面图

场景位置	无
实例位置	实例文件 >CH02>2.4.3dm
学习目标	掌握【圆：正切、正切、半径】的使用方法

扫码观看视频 15A　　　15B

操作思路

零件平面图是一个光滑的中心对称曲线，分为三等份。使用【圆：中心点、半径】工具 ⊙ 和【多重直线/线段】工具 ∧，绘制其中一等份的基本结构，使用【圆：正切、正切、半径】工具 ⊙ 和【修剪/取消修剪】工具 ⊔ 制作光滑的过渡，然后旋转复制出其他等份，调整曲线的整体形状。

操作工具

本例用到的操作工具是【圆：正切、正切、半径】⊙ 工具，如图 2-24 所示。

操作步骤

STEP 🔼1 设置工作视窗为单个视图，切换到 Top（上）视图，然后使用【圆：中心点、半径】工具 ⊙，绘制一个半径为 5 和一个半径为 3 的圆，如图 2-25 所示。

图 2-24

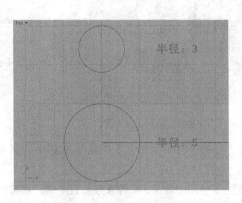

图 2-25

技巧与提示

在使用【圆：中心点、半径】工具⊘绘制圆时，当第1次单击后（确定圆心），按5键可以设置圆的半径为5，如图2-26所示。

```
指令：_Circle
圆心（可塑形的）(D)  垂直(V)  两点(P)  三点(O)  正切(T)  环绕曲线(A)
半径 <5.000>（直径(D)  定位(O)  周长(C)  面积(A)）5
```

图2-26

STEP 2 使用【多重直线/线段】工具⼊，然后绘制两条直线，如图2-27所示。

STEP 3 鼠标左键单击【圆：中心点、半径】按钮⊘旁的三角按钮，在打开的面板中单击【圆：正切、正切、半径】按钮⊙，然后单击直线确定第1个切点，接着按4键设置半径为4，并右击确认，再单击下端的圆确定第2个切点，完成圆的绘制，如图2-28所示。

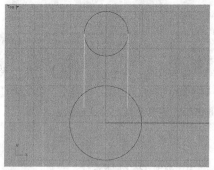

图2-27

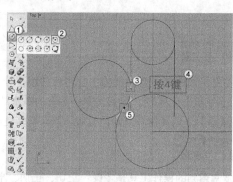

图2-28

STEP 4 使用同样的方法，在右侧绘制一个半径为4的圆，如图2-29所示。

STEP 5 使用【修剪/取消修剪】工具ょ，然后修剪左边的相切圆、直线和上端的圆，效果如图2-30所示。接着修剪右边的圆和直线，使之与左侧一样，再选择上端的所有曲线。最后单击【群组】按钮❸，效果如图2-31所示。

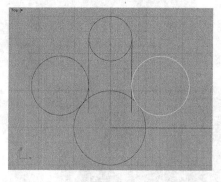

图2-29

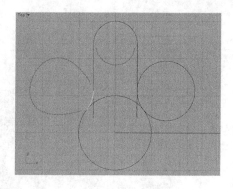

图2-30

STEP 6 使用【环形阵列】工具⁙，旋转120°复制一条曲线，然后旋转240°复制曲线，如图2-32所示。

STEP 7 使用【修剪/取消修剪】工具ょ，修剪中间的圆形，效果如图2-33所示。

STEP 8 使用【圆：中心点、半径】工具⊘，绘制一个半径为3的圆，如图2-34所示。

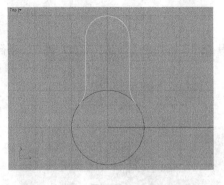

图 2-31

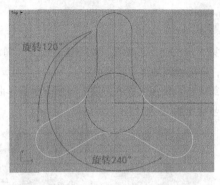

图 2-32

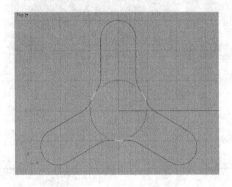

图 2-33

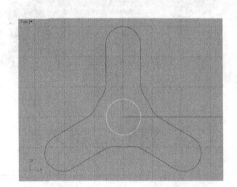

图 2-34

实例总结

本实例通过制作一个零件平面图，来介绍【圆：正切、正切、半径】工具 ⊙ 的使用方法。该工具可以在两条曲线间，生成一个与之相交的圆。在绘制两条相交线时，可结合该工具生成光滑的过渡。

进阶拓展

场景位置	场景文件 >CH02>2.4.3dm	扫码观看视频 16
实例位置	实例文件 >CH02> 练习 03.3dm	

实例中的零件平面图可以通过【圆弧：起点、终点、半径】工具 ◝ 在外围绘制多个弧形，使零件的三角结构更加稳定。

制作提示

第 1 步：使用【圆弧：中心店、起点、角度】工具▷子面板中的【圆弧：起点、终点、半径】工具◝，连接相邻的两个圆形曲线。

第 2 步：使用同样的方法连接所有的圆形曲线。

步骤如图 2-35 所示。

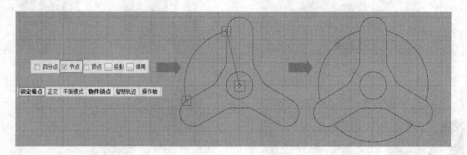

图 2-35

2.5 文字物体：三维文字

场景位置	无	扫码观看视频 17
实例位置	无	
学习目标	掌握文字的创建的方法	

操作思路

三维文字是工业设计中常常出现的一种模型，在 Rhino 中使用【文字物件】工具᠌，可以简单、快速地生成三维文字。

操作工具

本例用到的操作工具是【文字物件】᠌工具，如图 2-36 所示。

操作步骤

STEP 01 在【边栏】中用鼠标左键单击【文字物件】按钮᠌，然后在打开的【文字物件】对话框中，在文本框中输入 Rhino5.0，接着设置字型为 Arial，再选择【曲线】选项，并设置【高度】为 5，最后单击【确定】按钮 确定 ，如图 2-37 所示。

STEP 02 在 Top（上）视图中，单击以确定生成文字的位置，如图 2-38 所示。

STEP 03 单击鼠标右键重复上一次操作，然后在打开的【文字物件】对话框中，设置字型为 BankGothic Lt BT，接着选择【粗体】、【斜体】和【曲面】选项，再设置【高度】为 7，最后单击【确定】按钮 确定 ，如图 2-39 所示。

STEP 04 在视图中单击确定文字生成的位置，如图 2-40 和图 2-41 所示。

图 2-36

图 2-37

图 2-38

图 2-39

图 2-40

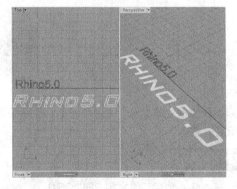

图 2-41

STEP 05 单击鼠标右键重复上一次操作，然后在打开的【文字物件】对话框中，设置字型为

Barcelona Medium ITC，接着选择【粗体】和【实体】选项，再设置【高度】为 7、【实体厚度】为 4，最后单击【确定】按钮 ，如图 2-42 所示。

STEP 6 在视图中单击确定文字生成的位置，如图 2-43 所示。

图 2-42

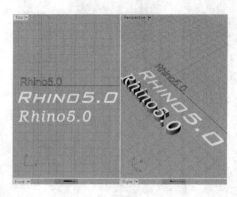

图 2-43

实例总结

　　本实例通过制作一个三维文字，来介绍【文字物件】工具 的使用方法。三维文字效果的应用范围很广，如影视动画、产品设计、栏目包装和商业广告等。在制作时，不同样式的字型，可以丰富三维文字的效果。

进阶拓展

场景位置	无	扫码观看视频 18
实例位置	实例文件 >CH02> 练习 04.3dm	

　　实例中的立体文字，可以通过【变形控制器编辑 / 建立变形控制器】工具 调整其局部的造型，使字型更加多样化。

制作提示

第 1 步：创建三维文字 RHINO5.0。

第 2 步：使用【移动】工具 子面板下的【变形控制器编辑 / 建立变形控制器】工具 ，选择文字模型。

第 3 步：调整变形器的控制点，来改变文字模型的造型。

步骤如图 2-44 所示。

图 2-44

2.6 投影至曲面：烟灰缸

场景位置	场景文件 >CH02>2.6.3dm	扫码观看视频 19
实例位置	实例文件 >CH02>2.6.3dm	
学习目标	掌握如何将曲线投影到曲面的方法	

操作思路

烟灰缸表面有一组 RHINO 5.0 的文字曲线，曲线完全依附在曲面表面。使用【投影至曲面】工具，选择到合适的角度，可将曲线投影到曲面。

操作工具

本例的操作工具是【投影至曲面】，如图 2-45 所示。

操作步骤

STEP 1 打开"场景文件 >CH02>2.6.3dm"文件，如图 2-46 所示。

STEP 2 设置【工作视图】为四视图，然后单击【边栏】中的【投影至曲面】按钮，接着在 Perspective（透）视图中选择曲线右击确认，最后在 Front（前）视图中选择烟灰缸模型并右击确认，如图 2-47 所示。

 技巧与提示

【投影至曲面】工具是参照所显示的工作平面来垂直映射的，所以选择 Front（前）视图来投影。

STEP 3 因为是以 Front（前）视图为参照平面，所以曲线被投影到烟灰缸的内外表面，如图 2-48 所示。选择烟灰缸模型，然后单击鼠标中键，在打开的面板中单击【隐藏物件】按钮，如图 2-49 所示。

图 2-45　　　　　　图 2-46

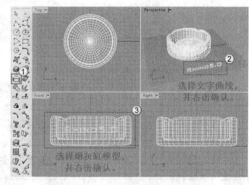

图 2-47

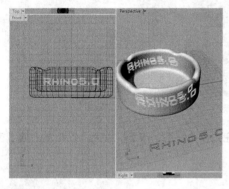

图 2-48

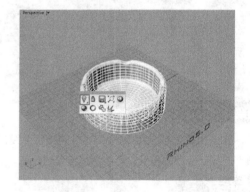

图 2-49

技巧与提示

单击【隐藏物件】按钮，旁的三角按钮，在打开的面板中放置了一些关于隐藏和显示对象的工具，如图 2-50 所示。

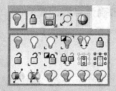

图 2-50

STEP 04 选中图 2-51 所示的曲线，按 Delete 键删除，然后单击鼠标中键，在打开的面板中单击【隐藏物件】按钮，旁的三角按钮，接着单击【显示物件】按钮，如图 2-52 所示。

图 2-51

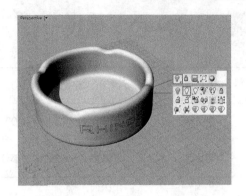

图 2-52

实例总结

本实例通过制作一个烟灰缸，来介绍【投影至曲面】工具 的使用方法。该工具常用于制作产品表面的文字、Logo 或是装饰的花纹。在使用该命令时，要注意选择合适的角度。

进阶拓展

场景位置	场景文件 >CH02>2.6.3dm	扫码观看视频 20
实例位置	实例文件 >CH02> 练习 05. 3dm	

实例中的烟灰缸表面生成了文字曲线，但是烟灰缸本身没有实质上的变化，通过使用【修剪 / 取消修剪】工具 在烟灰缸模型上生成镂空的文字造型。

制作提示

第 1 步：使用【修剪 / 取消修剪】工具 沿字母曲线修剪。

第 2 步：使用同样的方法修剪其余的字母。

步骤如图 2-53 所示。

图 2-53

2.7 物件相交：螺纹

场景位置	场景文件 >CH02>2.7.3dm	扫码观看视频 21
实例位置	实例文件 >CH02>2.7.3dm	
学习目标	掌握如何在曲面公共部分生成曲线的方法	

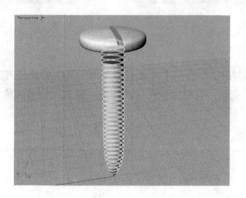

操作思路

螺丝钉的表面有一条螺旋形的曲线，该曲线是螺钉钉柱与螺纹模型相交所生成的。使用【物件交集】工具 ▱，选择两个相交的曲面，可以根据相交的形状生成曲线。

操作工具

本例的操作工具是【物件交集】▱，视图界面如图 2-54 所示。

操作步骤

STEP 01 打开"场景文件 >CH02>2.7.3dm"文件，如图 2-55 所示。

STEP 02 单击【投影至曲面】工具 ▱ 旁的三角按钮，然后在打开的面板中，单击【物件交集】按钮 ▱，接着选择螺纹，再加选螺钉钉柱，最后右击确认操作，如图 2-56 所示。

STEP 03 经过一段时间的计算后，螺钉钉柱表面生成螺旋曲线，如图 2-57 所示，选择曲面模型，然后使用【隐藏物件】工具 ♀ 将其隐藏，效果如图 2-58 所示。

图 2-54

实例总结

本实例通过制作一个烟灰缸，来介绍【物件交集】工具 ▱ 的使用方法。在制作模型时，往往会在模型相交处生成其他形状的模型，这时可用【物件交集】工具 ▱ 生成相交曲线，再用曲线生成需要的曲面。

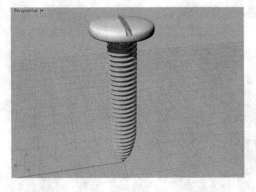

图 2-55

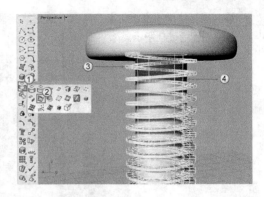

图 2-56

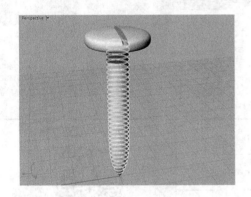

图 2-57

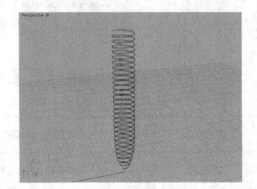

图 2-58

进阶拓展

场景位置	场景文件 >CH02>2.7.3dm	扫码观看视频 22
实例位置	实例文件 >CH02> 练习 06.3dm	

实例中的螺旋线是一个很规整的形态，通过【锥状化】工具 ▤ 可以将螺旋线的整体调整得具有曲线形态。

制作提示

第 1 步：使用【锥状化】工具 ▤ ，将螺旋线下端的半径调小。

第2步：使用【锥状化】工具 ▨，将螺旋线调整得具有曲线形态。
步骤如图 2-59 所示。

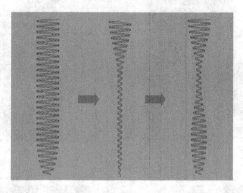

图 2-59

2.8 曲线倒角：圆角五星图案

场景位置	场景文件 >CH02>2.8.3dm	扫码观看视频 23
实例位置	实例文件 >CH02>2.8.3dm	
学习目标	掌握圆角的制作方法	

操作思路

　　圆角五星图案是一个光滑的五角星图形。使用【曲线圆角】工具 ⬎，调整好合适的光滑度，然后选择夹角两边的边，可以将夹角光滑。

操作工具

　　本例用到的操作工具是【曲线圆角】⬎，如图 2-60 所示。

操作步骤

　　STEP 🔲1 打开 "场景文件 >CH02>2.83dm" 文件，然后设置【工作视图】为单视图，接着切换到 Top（上）视图，如图 2-61 所示。

　　STEP 🔲2 鼠标左键单击【边栏】中的【曲线圆角】按钮 ⬎，在命令行中设置半径为 0.5，然后单击角的一条边，接着单击另一条边，即可转换成圆角，如图 2-62 所示。使用同样的方法，将其余 4 个角转换成圆角，如图 2-63 所示。

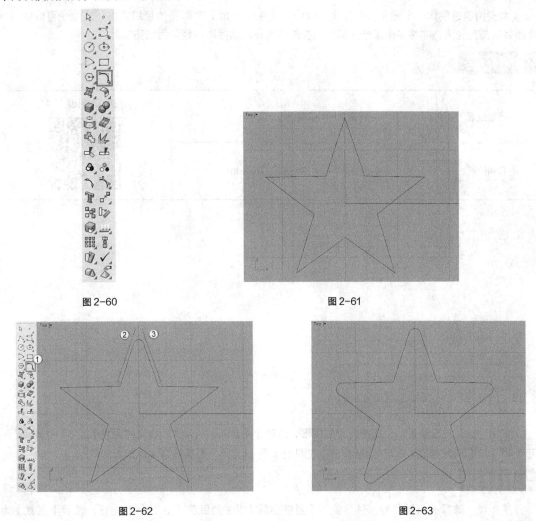

图 2-60   图 2-61

图 2-62   图 2-63

STEP 3 鼠标左键单击【边栏】中的【曲线圆角】按钮，在命令行中设置半径为 2，然后鼠标左键单击角的一条边，接着鼠标左键单击另一条边，即可转换成圆角，如图 2-64 所示。使用同样的方法，将其余 4 个角转换成圆角，如图 2-65 所示。

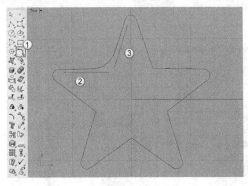

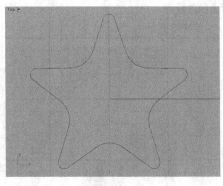

图 2-64   图 2-65

实例总结

本实例通过制作一个圆角五星图案，来介绍【曲线圆角】工具 的使用方法。该命令可以快速地将曲线的夹角光滑，并将多余部分修剪掉。在制作光滑的曲线时，经常用到该工具。

进阶拓展

		扫码观看视频 24
场景位置	场景文件 >CH02>2.8.3dm	
实例位置	实例文件 >CH02> 练习 07.3dm	

实例中的圆角五星是一个边缘光滑的图形，通过【重建曲线 / 以主曲线重建曲线】 、【打开点 / 关闭点】 和【UVN 移动 / 关闭 UVN 移动】工具 ，可以为圆角五星的边缘添加波浪效果。

制作提示

第 1 步：选择五角星曲线，然后使用【重建曲线 / 以主曲线重建曲线】工具 ，设置【点数】为 100。

第 2 步：每相隔一点对五角星的控制点进行选择。

第 3 步：使用【打开点 / 关闭点】工具 子面板中的【UVN 移动 / 关闭 UVN 移动】工具 ，将控制点向外移动。

步骤如图 2-66 所示。

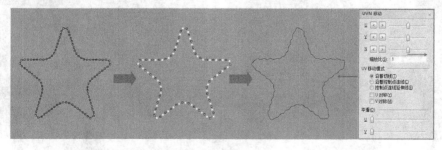

图 2-66

2.9 偏移曲线：六角星图案

场景位置	场景文件 >CH02>2.9.3dm	扫码观看视频 25
实例位置	实例文件 >CH02>2.9.3dm	
学习目标	掌握偏移复制曲线的方法	

操作思路

　　六角星图案可以分成两部分，一部分是外围的六边形，另一部分是中间的六角星形。选择六角星形曲线，使用【偏移曲线】工具，可将六角星形曲线沿指定方向，按比例变化进行复制。

操作工具

　　本例用到的操作工具是【偏移曲线】，如图 2-67 所示。

操作步骤

　　STEP **1** 打开"场景文件 >CH02>2.9.3dm"文件，然后设置【工作视图】为单视图，接着切换到 Top（上）视图，如图 2-68 所示。

图 2-67

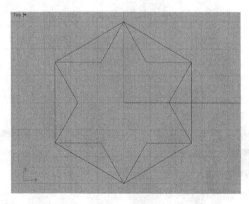

图 2-68

STEP 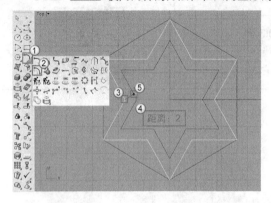2 单击【曲线圆角】按钮◥旁的三角按钮，然后在打开的面板中，单击【偏移曲线】按钮◥，接着单击六角星形，再在【命令行】中设置【距离】为2，最后在六角星形内侧单击即可偏移复制曲线，如图2-69所示。

STEP 3 使用同样的方法，在六角星形的内侧再复制两个六角星形，如图2-70所示。

图2-69 图2-70

实例总结

本实例通过制作一个圆角五星图案，来介绍【偏移曲线】工具◥的使用方法。该工具常用于制作扩散型图形，使用该工具时，要注意复制的方向和复制的距离。

进阶拓展

场景位置	场景文件 >CH02>2.9.3dm	扫码观看视频 26
实例位置	实例文件 >CH02> 练习 08.3dm	

实例中的六角星形图案边角较为锋利，通过【曲线斜角】工具◥可以将边角处理的平钝，使整体的几何效果更加明显。

制作提示

第1步：使用【曲线斜角】工具◥，然后在【命令行】中设置【距离】为（2，2），接着对外围的

3 条曲线进行斜角处理。

　　第 2 步：使用【曲线斜角】工具 ↘，然后在【命令行】中设置【距离】为（1，1），接着对内侧的曲线进行斜角处理。

　　步骤如图 2-71 所示。

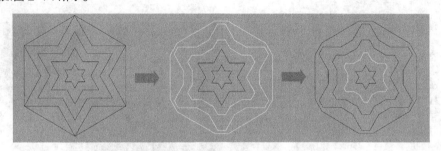

图 2-71

2.10　从断面轮廓线建立曲线：葫芦图案

场景位置	场景文件 >CH02>2.10.3dm	扫码观看视频 27
实例位置	实例文件 >CH02>2.10.3dm	
学习目标	掌握环形线的制作方法	

操作思路

　　葫芦图案是由 4 条轮廓线和 6 条环形线组成，使用【从断面轮廓线建立曲线】工具 ℃，可快速地在所选轮廓线上生成环形线。

操作工具

　　本例的操作工具是【从断面轮廓线建立曲线】℃，如图 2-72 所示。

操作步骤

STEP 01　打开"场景文件 >CH02>2.10.3dm"文件，如图 2-73 所示。

图 2-72

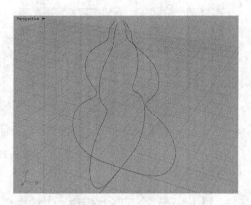

图 2-73

STEP 12 依次选择 4 条轮廓线，切换到 Front（前）视图，然后单击【曲线圆角】按钮 旁的三角按钮，在打开的面板中，单击【从断面轮廓线建立曲线】按钮 ，接着开启【锁定格点】功能，再在轮廓线的一侧单击确定起点，最后在另一侧单击确定终点，如图 2-74 所示，效果如图 2-75 所示。

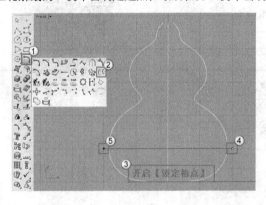

图 2-74

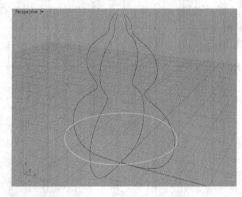

图 2-75

STEP 13 使用同样的方法绘制 5 条曲线，如图 2-76 所示。

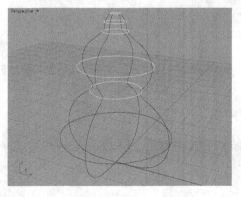

图 2-76

技巧与提示

在绘制直线或使用工具的过程中，按住 Shift 键可以绘制垂直或水平的直线，如图 2-77 所示。

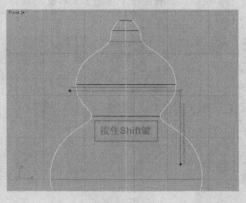

图 2-77

实例总结

本实例通过制作一个葫芦图案，来介绍【从断面轮廓线建立曲线】工具的使用方法。在使用该工具时，选择任意角度，生成的环形线与轮廓线都相交，有利于后期生成曲面。

进阶拓展

场景位置	场景文件 >CH02>2.10.3dm
实例位置	实例文件 >CH02> 练习 09.3dm

扫码观看视频 28

实例中的葫芦图案是一个很严肃的造型，通过【弯曲】工具使葫芦弯曲，让最终的造型显得更加活泼、可爱。

制作提示

第 1 步：切换到 Front（前）视图，然后使用【弯曲】工具 ╱ 对葫芦曲线进行弯曲操作。

第 2 步：切换到 Right（右）视图，然后使用【弯曲】工具 ╱ 对葫芦曲线进行弯曲操作。

步骤如图 2-78 所示。

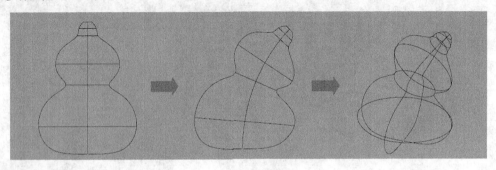

图 2-78

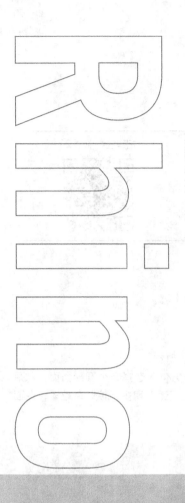

Chapter

3

第3章
曲面绘制技术

曲面，全称为非均匀有理B样条曲线（Non-Uniform Rational B-Splines），通常简称为NURBS，是一种基于数学函数来描绘曲线和曲面的方式。Rhino提供了很多创建曲面的工具，具备强大的曲面建模功能，因此在工业设计方面拥有很大的设计优势。本章将介绍Rhino 5.0的曲面建模技术，包括创建曲面、编辑曲面和检查曲面的连续性等内容。通过对本章的学习，可以制作出高精度的曲面模型，以此满足工业制作与机械设计的要求。

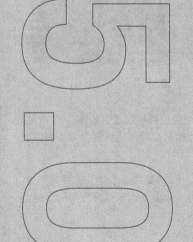

本章学习要点

● 曲面的基本操作

● 掌握编辑和调整曲面的方法

● 掌握通过曲线创建曲面的方法

3.1 曲面的基本操作

场景位置	场景文件 >CH03>3.1.3dm	扫码观看视频 29
实例位置	无	
学习目标	学习如何创建和编辑曲线	

操作工具

本例用到的操作工具是【打开点 / 关闭点】 和【炸开 / 抽离曲面】 。

操作步骤

STEP 1 打开"场景文件 >CH03>3.1.3dm"文件，如图 3-1 所示。

STEP 2 场景中有 4 个物件，分别是 3 个圆形面片和一个立方体。选择 3 个圆形曲面，然后单击【打开点 / 关闭点】按钮 ，如图 3-2 所示。3 个圆形曲面的控制点逐渐增多，控制点越多，曲面越光滑，但占用的资源也相对较多。

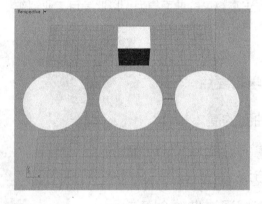

图 3-1

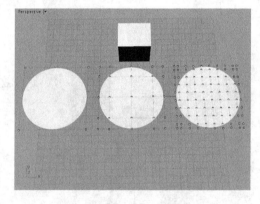

图 3-2

STEP 3 在【状态栏】中开启【操作轴】功能，然后调整 3 个曲面的控制点，如图 3-3 所示。由图 3-3 可见，无论曲面发生何种变换，都会保持光滑的效果。另外，控制点较多的曲面，可以制作出更丰富的效果。

STEP 4 复制一个立方体，然后选择其中一个，接着单击【炸开 / 抽离曲面】按钮 将其分离，如图 3-4 所示。炸开的对象被分为 6 个独立部分，相互不影响，因此为 6 个曲面；未炸开的是一个封闭的对象，因此为一个实体。

案例总结

本案例通过对曲面的基本操作，来介绍曲面的特性。曲面与实体的本质区别是，曲面是不封闭的，而实体是封闭的。

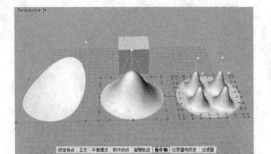

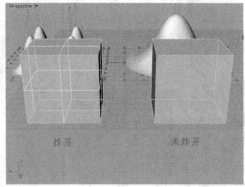

图 3-3　　　　　　　　　　　　　　　　图 3-4

3.2 以 2、3 或 4 个边缘曲线建立曲面：收纳盒

场景位置	场景文件 >CH03>3.2.3dm
实例位置	实例文件 >CH03>3.2.3dm
学习目标	掌握【以 2、3 或 4 个边缘曲线建立曲面】工具 的使用方法

扫码观看视频 30A　　30B

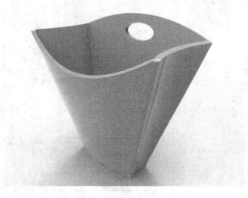

操作思路

　　收纳盒是一个具有一定厚度，线条光滑、自然的物体。使用【以 2、3 或 4 个边缘曲线建立曲面】工具 ，在收纳盒内部生成曲面，使其具有一定厚度。

操作工具

　　本例的操作工具是【以 2、3 或 4 个边缘曲线建立曲面】 ，如图 3-5 所示。

操作步骤

STEP 01　打开"场景文件 >CH03>3.2.3dm"文件，如图 3-6 所示。

图 3-5

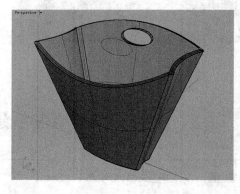

图 3-6

 技巧与提示

打开【Rhino 选项】对话框，在左侧的列表中选择【视图】>【显示模式】>【着色模式】选项，在右侧可以设置物件的正反面颜色，如图 3-7 所示。

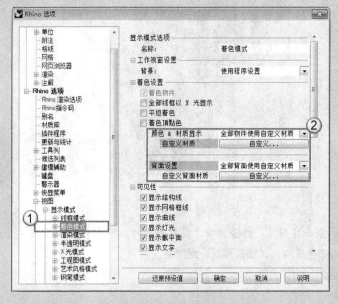

图 3-7

通过设置物件的正反面颜色，可以方便观察物件的正反面是否一致，曲面的方向会影响布尔运算的结果，在后面的内容中将详细介绍。

STEP 2 在【图形面板】中选择【图层】选项卡，然后选择 Default 图层并单击鼠标右键，接着在打开的菜单中，单击【选取物件】命令，如图 3-8 所示。在工作视窗中，该图层里的物件被选中，如图 3-9 所示。

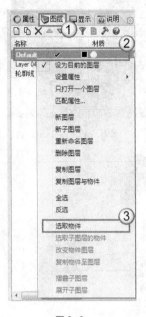

图 3-8

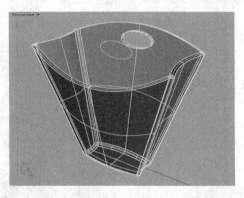

图 3-9

STEP 3 将选中的物件隐藏，然后单击【指定 3 或 4 个角建立曲面】工具 旁的三角按钮，在打开的面板中，鼠标左键单击【以 2、3 或 4 个边缘曲线建立曲面】按钮 ，接着选择 4 条相连的轮廓线，如图 3-10 所示。轮廓线之间生成一个曲线，如图 3-11 所示。

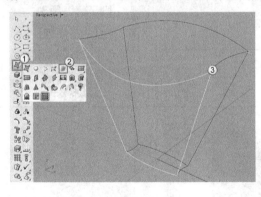

图 3-10

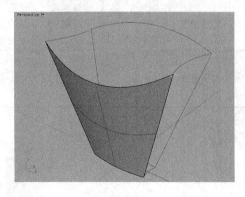

图 3-11

STEP 4 使用同样的方法制作其他曲面，如图 3-12 所示。

STEP 5 显示场景中的所有物体，然后单击【分割 / 修剪】工具 ，接着选择曲线并右击确认，再单击黑色圆圈中的任意位置，最后单击鼠标右键完成操作，如图 3-13 所示，效果如图 3-14 所示。

实例总结

本实例通过制作一个收纳盒，来介绍【插入一个控制点】工具 的使用方法。在绘制曲线时，该工具经常用到。另外，【移除一个控制点】工具 的作用和【插入一个控制点】工具 配合使用，其作用是移除控制点。

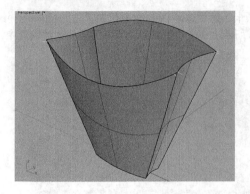

图 3-12

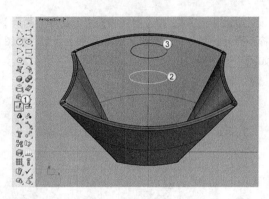

图 3-13

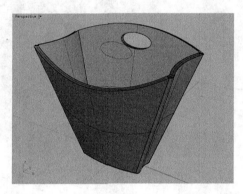

图 3-14

进阶拓展

场景位置	场景文件 >CH03>3.2.3dm	扫码观看视频 31
实例位置	实例文件 >CH03> 练习 10. 3dm	

实例中的收纳盒是一个简单的盒子造型，通过使用【镜像 / 三点镜像】和【以 2、3 或 4 个边缘曲线建立曲面】工具 为收纳盒的后面制作一个挂钩。

制作提示

第 1 步：在 Right（右）视图中，绘制一条曲线。

第 2 步：使用【镜像 / 三点镜像】工具，沿收纳盒中心复制。

第 3 步：选择两条曲线，使用【以 2、3 或 4 个边缘曲线建立曲面】工具 生成曲面。

步骤如图 3-15 所示。

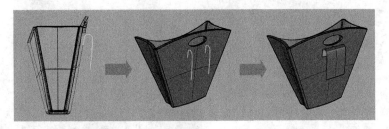

图 3-15

3.3 直线挤出：笔筒

场景位置	场景文件 >CH03>3.3.3dm	扫码观看视频 32
实例位置	实例文件 >CH03>3.3.3dm	
学习目标	掌握【直线挤出】工具 的使用方法	

操作思路

　　笔筒模型是一个中空的铅笔造型物体，可分为内、外两部分。使用【直线挤出】工具 生成曲面，构成笔筒的内部结构。

操作工具

　　本例的操作工具是【直线挤出】 ，如图 3-16 所示。

操作步骤

　　STEP 01 打开"场景文件 >CH03>3.3.3dm"文件，如图 3-17 所示。

　　STEP 02 在【图形面板】中选择【图层】选项卡，然后单击【图层 01】中的 按钮使之呈 状，【工作视图】中的曲面随即被隐藏了，如图 3-18 所示。

　　STEP 03 单击【指定 3 或 4 个角建立曲面】按钮 旁的三角按钮，在打开的面板中单击【直线挤出】按钮 ，然后单击下面的圆并右击确定，接着捕捉到上方的网格，单击鼠标右键完成绘制，如图 3-19 所示。

　　STEP 04 在【图形面板】中选择【图层】选项卡，然后单击鼠标左键【图层 01】中的 按钮使之呈 状，显示图层中的物件，如图 3-20 所示。

图 3-16

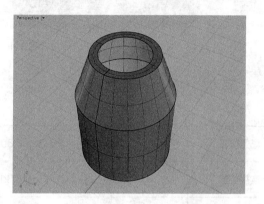

图 3-17

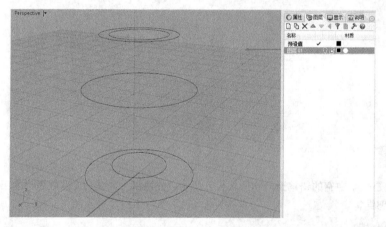

图 3-18

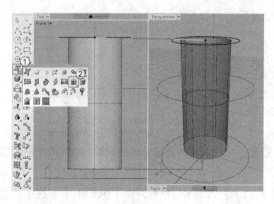

图 3-19

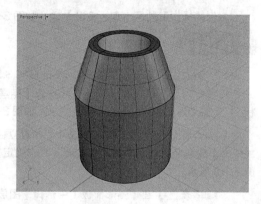

图 3-20

实例总结

本实例通过制作一个笔筒模型，来介绍【直线挤出】工具 的使用方法。该工具可通过曲线或曲面边缘生成曲面，通过设置可同时向两端挤出曲面。

进阶拓展

场景位置	场景文件 >CH03>3.3.3dm	扫码观看视频 33
实例位置	实例文件 >CH04> 练习 11. 3dm	

实例中的笔筒不是一个完整的模型，其底部没有封口，使用【以平面曲线建立曲面】工具 完成模型，然后使用【曲面圆角】工具 对模型进行光滑处理，使造型更加美观。

制作提示

第 1 步：使用【指定 3 或 4 个角建立曲面】工具 子面板下的【以平面曲线建立曲面】工具 ，在笔筒底部生成曲面。

第 2 步：使用【曲面圆角】工具 对笔筒模型边缘进行光滑处理。

步骤如图 3-21 所示。

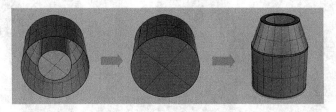

图 3-21

3.4 指定 3 个或 4 个角建立曲面：齿轮

场景位置	场景文件 >CH03>3.4.3dm	扫码观看视频 34
实例位置	实例文件 >CH03>3.4.3dm	
学习目标	掌握【指定 3 或 4 个角建立曲面】工具 的使用方法	

操作思路

齿轮模型的边缘有大量的轮齿，使用【指定 3 或 4 个角建立曲面】工具 ，然后选择四边形曲线的边角，可以生成相应形状的曲面。

操作工具

本例用到的操作工具是【指定 3 或 4 个角建立曲面】 ，如图 3-22 所示。

操作步骤

STEP 1 打开"场景文件 >CH03>3.4.3dm"文件，然后设置【工作视图】为单视图，接着切换到 Top（上）视图，如图 3-23 所示。

STEP 2 单击【指定 3 或 4 个角建立曲面】按钮 ，然后依次单击曲线的 4 个角，接着单击鼠标右键完成操作，如图 3-24 所示，效果如图 3-25 所示。

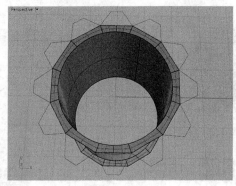

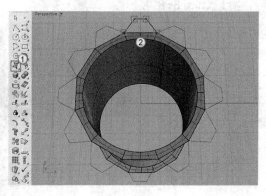

图 3-22   图 3-23   图 3-24

STEP 3 使用相同的方法绘制其他曲面，如图 3-26 所示。

实例总结

本实例通过制作一个齿轮模型，来介绍【指定 3 或 4 个角建立曲面】工具 的使用方法。该工具可快速在曲线间生成曲面，因此曲线的造型会影响该工具的效果。

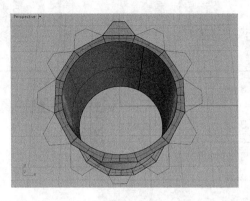

图 3-25

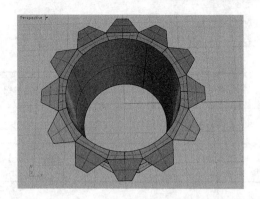

图 3-26

进阶拓展

场景位置	场景文件 >CH03>3.4.3dm	扫码观看视频 35
实例位置	实例文件 >CH03> 练习 12. 3dm	

实例中的齿轮边缘没有曲面，使用【直线挤出】工具 📄 为齿轮的边缘生成曲面，使其完整。

制作提示

第 1 步：选择所有的梯形曲线。

第 2 步：使用【直线挤出】工具 📄，挤出曲面，并使其与其他曲面的长度匹配。

步骤如图 3-27 所示。

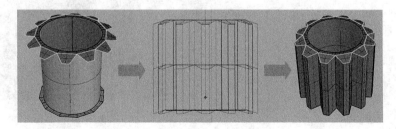

图 3-27

3.5 旋转成形 / 沿路径旋转：水果盘

场景位置	场景文件 >CH03>3.5.3dm	扫码观看视频 36
实例位置	实例文件 >CH03>3.5.3dm	
学习目标	掌握【旋转成形 / 沿路径旋转】工具 🍄 的使用方法	

操作思路

　　水果盘是一个表面光滑且中心对称的物体。使用【旋转成形 / 沿路径旋转】工具 🍄，然后确定旋转轴可快速生成水果盘造型。

操作工具

　　本例操作用到的工具是【旋转成形 / 沿路径旋转】🍄 工具，如图 3-28 所示。

操作步骤

STEP ⬆**1** 打开"场景文件 >CH03>3.5.3dm"文件，如图 3-29 所示。

图 3-28

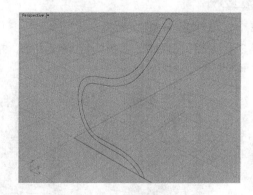

图 3-29

STEP ⬆**2** 在状态栏中，单击开启【锁定格点】功能，如图 3-30 所示。

锁定格点 | 正交 | 平面模式 | 物件锁点 | 智慧轨迹 | 操作轴 | 记录建构历史 | 过滤器

图 3-30

STEP 13 单击【指定 3 或 4 个角建立曲面】按钮 旁的三角按钮，在打开的面板中单击【旋转成形 / 沿路径旋转】按钮 ，然后选择轮廓线并单击鼠标右键确认，接着在中心两次单击确定旋转轴，最后两次右击完成操作，如图 3-31 所示。

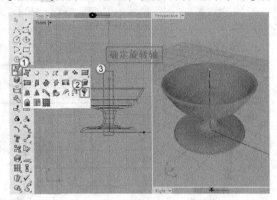

实例总结

本实例通过制作一个水果盘模型，来介绍【旋转成形 / 沿路径旋转】工具 的使用方法。在使用该工具时，要注意旋转轴的位置及方向，旋转轴是最终模型的对称轴，因此非常重要。

图 3-31

进阶拓展

场景位置	场景文件 >CH03>3.5.3dm	扫码观看视频 37
实例位置	实例文件 >CH03> 练习 13. 3dm	

实例中的水果盘是一个简单基本的模型，在实际的工业设计中，通常会在基本模型的基础上增加细节，以丰富款式，增加产品的样式，本例将介绍如何为水果盘增加细节。

制作提示

第 1 步：选择外侧的曲线，然后间隔地选择控制点。

第 2 步：使用【UVN 移动 / 关闭 UVN 移动】工具 ，将曲线处理成波浪形。

第 3 步：使用【旋转成形 / 沿路径旋转】按钮 ，生成曲面模型。

步骤如图 3-32 所示。

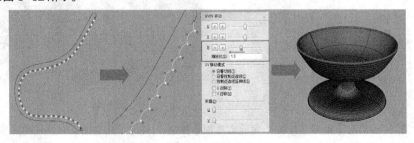

图 3-32

3.6 单轨扫掠：戒指

场景位置	场景文件 >CH03>3.6.3dm
实例位置	实例文件 >CH03>3.6.3dm
学习目标	掌握【单轨扫掠】工具 的使用方法

扫码观看视频 38

操作思路

戒指是一个环形结构的造型。使用【单轨扫掠】工具 ，然后选择路径线和轮廓线，确认可以生成戒指模型。

操作工具

本例的操作工具是【单轨扫掠】 ，如图 3-33 所示。

操作步骤

STEP 1 打开"场景文件 >CH03>3.6.3dm"文件，如图 3-34 所示。

图 3-33

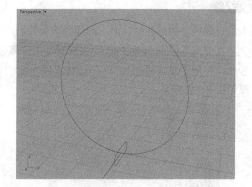

图 3-34

STEP 2 单击【指定 3 或 4 个角建立曲面】按钮 旁的三角按钮，在打开的面板中单击【单轨扫掠】按钮 ，然后选择正圆曲线，接着选择椭圆曲线，单击鼠标右键两次完成操作，如图 3-35 所示，效果如图 3-36 所示。

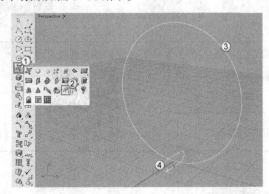

图 3-35

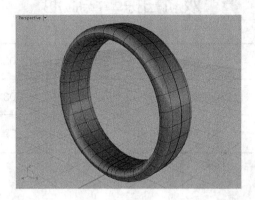

图 3-36

实例总结

本实例通过制作一个戒指，来介绍【单轨扫掠】工具 的使用方法。使用该工具时，要注意路径线和轮廓线的位置，以及选择的顺序，都将影响到模型的最终效果。

进阶拓展

场景位置	场景文件 >CH03> 练习 14_A.3dm	扫码观看视频 39
实例位置	实例文件 >CH03> 练习 14_B. 3dm	

实例中的戒指是一个缺乏细节的模型，使用【扭转】 和【沿着曲面流动】工具 ，可以制作具有螺纹效果的戒指。

制作提示

第 1 步：使用【扭转】工具 对曲面进行扭转。

第 2 步：使用【沿着曲面流动】工具 使曲面沿着圆形曲线变形。

步骤如图 3-37 所示。

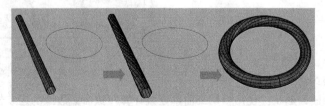

图 3-37

3.7 双轨扫掠：洗脸池

场景位置	场景文件 >CH03>3.7.3dm	扫码观看视频 40
实例位置	实例文件 >CH03>3.7.3dm	
学习目标	掌握【双轨扫掠】工具 的使用方法	

操作思路

洗脸池是一个表面光滑，造型不规则的物体。使用【双轨扫掠】工具 ，可通过曲线生成造型复杂且光滑的模型。

操作工具

本例的操作工具是【双轨扫掠】 ，如图 3-38 所示。

同单轨扫掠一样，双轨扫掠也是先选择路径曲线（两条），再选择断面曲线（可以有多条），此时将"双轨扫掠选项"对话框打开，如图 3-39 所示。

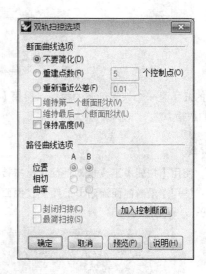

图 3-38　　　　　　　　　　　　　　　图 3-39

双轨扫掠特定参数介绍

● 维持第一个断面形状：使用相切或曲率连续计算扫掠曲面边缘的连续性时，建立的曲面可能会脱离输入的断面曲线，这个选项可以强迫扫掠曲面的开始边缘符合第一条断面曲线的形状。

- 维持最后一个断面形状：使用相切或曲率连续计算扫掠曲面边缘的连续性时，建立的曲面可能会脱离输入的断面曲线，这个选项可以强迫扫掠曲面的开始边缘符合最后一条断面曲线的形状。

- 保持高度：预设的情况下，扫掠曲面的断面会随着两条路径曲线的间距缩放宽度和高度，该选项可以固定扫掠曲面的断面高度不随着两条路径曲线的间距缩放。

- 路径曲线选项：只有断面曲线为 Non-Ration（非有理）曲线时（也就是所有控制点的权值都为 1），这些选项才可以使用。有正圆弧或椭圆结构的曲线为 Rational（有理）曲线。

- 最简扫掠：当两条路径曲线的结构相同而且断面曲线摆放的位置符合要求时，可以建立最简化的扫掠曲面，建立的曲面与输入的曲线之间完全没有误差。以数条断面曲线进行最简扫掠时，两条路径曲线的阶数及结构必需完全相同，且每一条断面曲线必需放置于两条路径曲线相对的编辑点上。

- 加入控制断面 ：加入额外的断面曲线，用来控制曲面断面结构线的方向。

技巧与提示

双轨扫掠时，断面曲线的阶数可以不同，但建立的曲面的断面阶数为最高阶的断面曲线的阶数。

操作步骤

STEP 01 打开 "场景文件 >CH03>3.7.3dm" 文件，如图 3-40 所示。

STEP 02 单击【指定 3 或 4 个角建立曲面】按钮 旁的三角按钮，在打开的面板中单击【双轨扫掠】按钮 。然后选择顶部的两条弧线作为扫掠路径，接着选择圆作为断面曲线，如图 3-41 所示。最后单击鼠标右键两次完成操作，效果如图 3-42 所示。

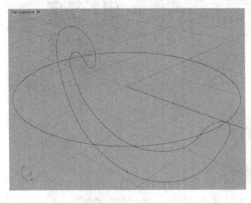

图 3-40

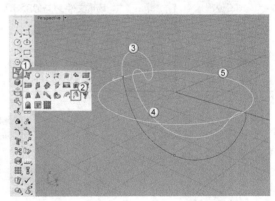

图 3-41

STEP 03 单击 "双轨扫掠" 按钮 ，依次选择下面的两段圆弧，然后选择圆作为断面曲线，如图 3-43 所示。最后两次右击完成操作，效果如图 3-44 所示。

实例总结

本实例通过制作一个洗脸池，来介绍【双轨扫掠】工具 的使用方法。该工具相比【单轨扫掠】工具 ，可通过更多的曲线来生成曲面，最终的效果会更加丰富。

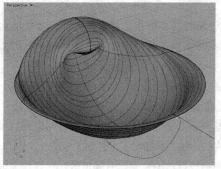

图 3-42

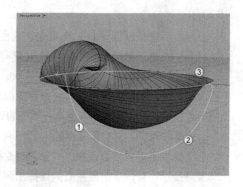

图 3-43

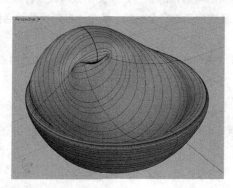

图 3-44

进阶拓展

场景位置	场景文件 >CH03>3.7.3dm	扫码观看视频 41
实例位置	实例文件 >CH03> 练习 15. 3dm	

实例中的洗脸池没有排水孔，但是在实际生活中，为了不让水溢出，通常会在洗脸池上制作一个排水孔。通过【显示边缘 / 关闭显示边缘】🔌、【放样】🎇 和【不等距边缘圆角 / 不等距边缘混接】工具🔘可以完成排水孔的制作。

制作提示

第 1 步：使用【组合】工具🔧将模型合并，然后使用【修剪 / 取消修剪】工具🔧沿圆形曲线修剪一个圆孔。

第 2 步：使用【分析方向/反转方向】工具——子面板下的【显示边缘/关闭显示边缘】工具🔌显示模型边缘，

然后使用【分割边缘 / 合并边缘】工具 ⌐ 修剪和合并圆孔边缘的控制点，使前后边缘上的控制点保持一致。

　　第 3 步：使用【放样】工具 ⌐ 沿圆孔生成曲面，然后使用【不等距边缘圆角 / 不等距边缘混接】工具 ◈ 对圆孔边缘进行光滑处理。

　　步骤如图 3-45 所示。

图 3-45

 技巧与提示

【放样】工具 ⌐ 的具体使用方法，在实例 38 中会详细介绍。

3.8 放样：葫芦酒壶

场景位置	场景文件 >CH03>3.8.3dm	扫码观看视频 42
实例位置	实例文件 >CH03>3.8.3dm	
学习目标	掌握【放样】工具 ⌐ 的使用方法	

操作思路

　　葫芦酒壶是中国特有的一种盛酒器具，具有一定的文化底蕴。使用【放样】工具 ⌐，然后依次选择轮廓曲线，可生成葫芦酒壶造型。

操作工具

　　本例的操作工具是【放样】⌐，如图 3-46 所示。

操作步骤

　　STEP　1 打开"场景文件 >CH03>3.8.3dm"文件，如图 3-47 所示。

　　STEP　2 单击【指定三或四个角建立曲面】按钮 ⌐ 旁的三角按钮，在打开的面板中单击【放样】按钮 ⌐，然后依次选择轮廓线，如图 3-48 所示，接着两次右击完成操作，如图 3-49 所示。

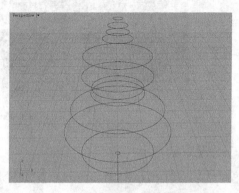

图 3-46　　　　　　　　　　　　图 3-47

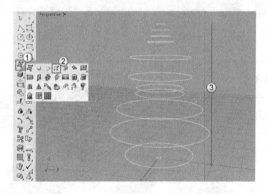
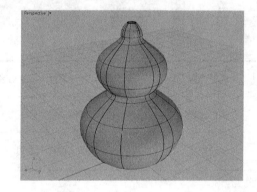

图 3-48　　　　　　　　　　　　图 3-49

技巧与提示

使用【放样】工具 时，也可以从反方向选择轮廓线，但必须是依次选择。

实例总结

本实例通过制作一个葫芦酒壶，来介绍【放样】工具 的使用方法。对轮廓线使用放样后，可生成光滑的曲面，该工具在生成曲面时经常用到。

进阶拓展

场景位置	场景文件 >CH03>3.8.3dm
实例位置	实例文件 >CH03> 练习 16.3dm

扫码观看视频 43

实例中的葫芦酒壶是单调的模型，通过【文字物件】🖋、【分割/以结构线分割曲面】🔳和【放样】工具🖈在酒壶的表面制作"酒"字。

制作提示

第 1 步：使用【文字物件】工具🖋制作曲线文字"酒"。

第 2 步：使用【分割/以结构线分割曲面】工具🔳，在葫芦模型上分割出"酒"字曲面。

第 3 步：复制"酒"字曲面，然将其向前移动，使其与原曲面保持一定距离，然后使用【放样】工具🖈连接两个"酒"字曲面，形成一个立体的文字模型。

步骤如图 3-50 所示。

图 3-50

3.9 嵌面：三通管

场景位置	场景文件 >CH03>3.9.3dm	扫码观看视频 44
实例位置	实例文件 >CH03>3.9.3dm	
学习目标	掌握【嵌面】工具🖈 的使用方法	

操作思路

三通管是管道分支处的常用物件，本例中制作的是一个同径三通管，顾名思义就是三个方向的管道，其口径相同。使用【嵌面】工具 ◈，然后选择要生成的曲面边缘，可生成与其他部分吻合的曲面，从而连接三通管。

操作工具

本例的操作工具是【嵌面】◈，如图 3-51 所示。

操作步骤

STEP 1 打开"场景文件 >CH03>3.9.3dm"文件，如图 3-52 所示，然后隐藏【图层 01】，如图 3-53 所示。

图 3-51

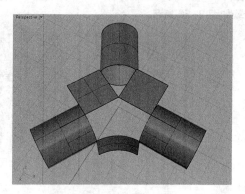

图 3-52

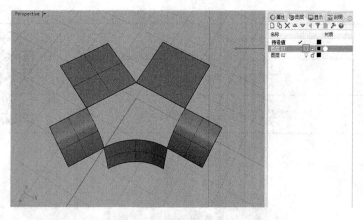

图 3-53

STEP 2 鼠标左键单击【指定 3 或 4 个角建立曲面】按钮 旁的三角按钮，在打开的面板中单击【嵌面】按钮 ◈，然后选择曲面边缘，如图 3-54 所示，效果如图 3-55 所示。

STEP 3 将视图切换到 Top（上）视图，然后激活【操作轴】和【锁定格点】功能，接着单击白色空心圆操作手柄，再在打开的菜单中选择【定位操作轴】命令，最后将轴心点捕捉到坐标中心，如图 3-56 所示。

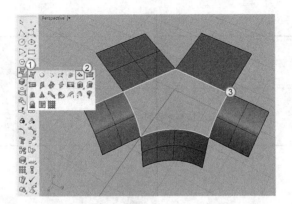

图 3-54

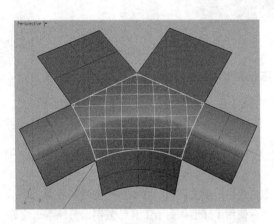

图 3-55

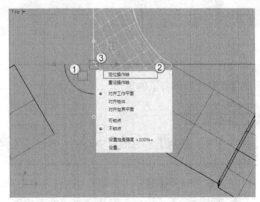

图 3-56

STEP 使用【环形阵列】工具 以 120° 为单位进行复制，如图 3-57 所示，接着使用【镜像 / 三点镜像】工具 复制出连接处的下半部分，如图 3-58 所示。

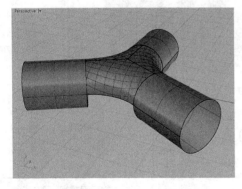

图 3-57

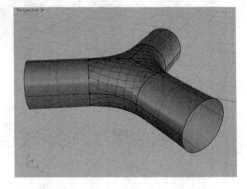

图 3-58

实例总结

　　本实例通过制作一个三通管模型，来介绍【嵌面】工具 的使用方法。该工具可以生成造型复杂的曲面，需要注意的是使用该工具时，要确保物件边缘的端点相交。

进阶拓展

场景位置	场景文件 >CH03>3.9.3dm	扫码观看视频 45
实例位置	实例文件 >CH04> 练习 17.3dm	

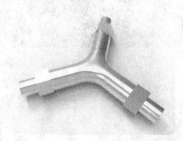

实例中的三通管是一个三等分的管状型物体，而现实生活中三通管的每一部分会与其他管道对接，因此需要制作出接口上的细节。

制作提示

第 1 步：使用【多边形：中心点、半径】工具⊙和【直线挤出】工具🔲，在管道的一头创建一个六边形曲面。

第 2 步：使用【圆：中心点、半径】工具⊙和【直线挤出】工具🔲，绘制一个圆柱形曲面。

第 3 步：使用【放样】工具🗲连接曲面模型，然后使用【环形阵列】工具❖复制出另外两个曲面。步骤如图 3-59 所示。

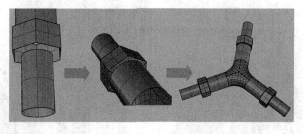

图 3-59

3.10 从网线建立曲面：安全帽

场景位置	场景文件 >CH03>3.10.3dm	扫码观看视频 46
实例位置	实例文件 >CH03>3.10.3dm	
学习目标	掌握【从网线建立曲面】工具🔧的使用方法	

操作思路

　　安全帽是一种保护作业人员的防护器具，本例中的安全帽造型简单，使用【从网线建立曲面】工具，然后选择轮廓线，可制作出安全帽的顶部。

操作工具

　　本例用到的操作工具是【从网线建立曲面】，视图界面如图 3-60 所示。

操作步骤

STEP　**1**　打开"场景文件 >CH03>3.10.3dm"文件，然后设置【工作视图】为单视图，接着切换到 Top（上）视图，如图 3-61 所示。

图 3-60

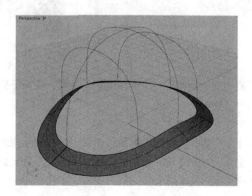

图 3-61

STEP　**2**　单击【指定 3 或 4 个角建立曲面】按钮旁的三角按钮，然后在打开的面板中单击【从网线建立曲面】按钮，接着选择安全帽的轮廓线，最后单击鼠标右键完成操作，如图 3-62 所示，效果如图 3-63 所示。

实例总结

　　本实例通过制作一个安全帽模型，来介绍【从网线建立曲面】工具的使用方法。该工具可根据轮廓曲线生成曲面，轮廓线的造型可以在不同平面上，但曲线之间要相交。

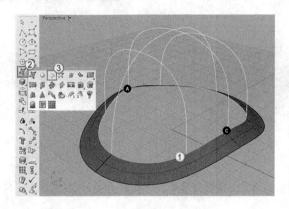
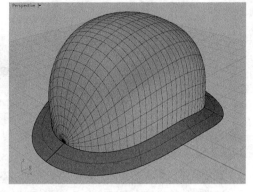

图 3-62　　　　　　　　　　　　　　　　　图 3-63

进阶拓展

场景位置	实例文件 >CH03>3.10.3dm	扫码观看视频 47
实例位置	实例文件 >CH03> 练习 18.3dm	

实例中的安全帽是一个简单的帽子造型，在帽子的顶部制作出突起部分，以丰富安全帽的细节。

制作提示

第 1 步：选择安全帽内的曲线，然后选择安全帽外的曲线，接着使用【单轨扫掠】工具 生成曲面。
第 2 步：使用【分析方向 / 反转方向】工具 反转曲面方向。
步骤如图 3-64 所示。

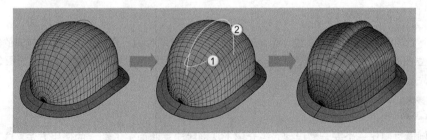

图 3-64

3.11 曲面斜角：充电宝

场景位置	场景文件 >CH03>3.11.3dm
实例位置	实例文件 >CH03>3.11.3dm
学习目标	掌握【曲面斜角】工具  的使用方法

扫码观看视频 48

操作思路

充电宝也叫移动电源，是一种便携式的供电产品。本例中的充电宝，是一款立方体造型的产品，使用【曲面斜角】工具 ，可以将边缘锋利的棱边进行一个过渡处理。

操作工具

本例的操作工具是【曲面斜角】 ，如图 3-65 所示。

操作步骤

STEP **1** 打开"场景文件 >CH03>3.11.3dm"文件，如图 3-66 所示。

图 3-65

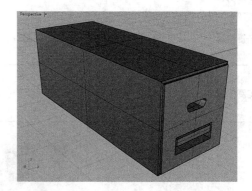

图 3-66

STEP **2** 单击【曲面圆角】按钮 旁的三角按钮，在打开的面板中单击【曲面斜角】按钮 ，然后在【命令行】中设置【距离】为（0.5，0.5），接着选择两个相邻的曲面，如图 3-67 所示，效果如图 3-68 所示。

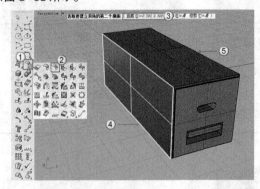

图 3-67　　　　　　　　　　　　　　　图 3-68

STEP 3　使用【分割／修剪】工具 ，将斜角边缘的多余部分去除掉，如图 3-69 所示。

STEP 4　使用同样的方法处理充电宝的 4 个边，效果如图 3-70 所示。

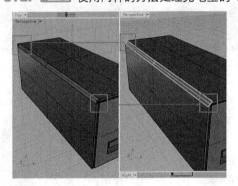

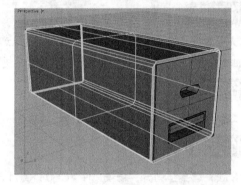

图 3-69　　　　　　　　　　　　　　　图 3-70

实例总结

本实例通过制作一个充电宝模型，来介绍【曲面斜角】工具 的使用方法。该工具和【曲线斜角】工具 类似，都是在转折处生成过渡效果。

进阶拓展

场景位置	场景文件 >CH03>3.11.3dm	扫码观看视频 49
实例位置	实例文件 >CH03> 练习 19.3dm	

实例中的充电宝主体部分，已经进行了过渡处理，但是在两端的细节上，还需要进行光滑处理，以增加手握住产品时的舒适度。

制作提示

第 1 步：选择接口一端的曲面，然后使用【组合】工具 将其合并。

第 2 步：使用【布尔运算联集】工具 子面板下的【不等距边缘圆角 / 不等距边缘混接】工具 ，然后在命令行中设置【下一个半径】为 0.1，接着选择曲面的边缘，单击鼠标右键两次完成操作。

第 3 步：使用同样的方法对另一端曲面进行光滑处理。

步骤如图 3-71 所示。

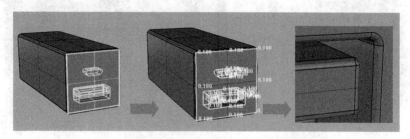

图 3-71

3.12 混接曲面：长颈瓶

场景位置	场景文件 >CH03>3.12.3dm	扫码观看视频 50
实例位置	实例文件 >CH03>3.12.3dm	
学习目标	掌握【混接曲面】工具 的使用方法	

操作思路

长颈瓶是化学实验中常常用到的器皿，使用【混接曲面】工具 ，然后选择瓶身和瓶颈的边缘，可生成光滑过渡的曲面，使模型完整。

操作工具

本例用到的操作工具是【混接曲面】 ，视图界面如图 3-72 所示。

操作步骤

STEP 1 打开"场景文件 >CH03>3.12.3dm"文件，如图 3-73 所示。

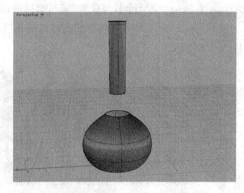

图 3-72　　　　　　　　　　　　　　　　　图 3-73

STEP 2 单击鼠标左键【曲面圆角】按钮旁的三角按钮，在打开的面板中单击【混接曲面】按钮，然后选择瓶身和瓶颈边缘的边，如图 3-74 所示。

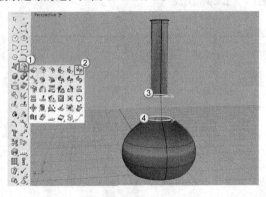

图 3-74

STEP 3 单击鼠标右键，然后调整操作手柄，如图 3-75 所示，接着单击鼠标右键完成操作，效果如图 3-76 所示。

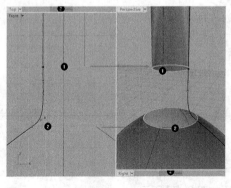

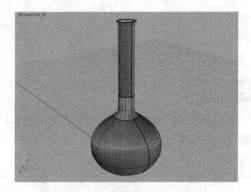

图 3-75　　　　　　　　　　　　　　　　　图 3-76

实例总结

本实例通过制作一个长颈瓶模型，来介绍【混接曲面】工具 ✎ 的使用方法。该工具可以在两个曲面间生成曲面，并且生成的曲面与相连的曲面吻合。

进阶拓展

场景位置	场景文件 >CH03>3.12.3dm	扫码观看视频 51
实例位置	实例文件 >CH03> 练习 20.3dm	

实例中的长颈瓶是只有瓶子模型，而在现实世界中，由于在化学实验中会接触一些有害物质，因此长颈瓶通常会配有盖子。

制作提示

第 1 步：使用【多重直线 / 线段】工具 ∧ 和【控制点曲线 / 通过数个点的曲线】工具 ⬚ 绘制盖子的轮廓曲线。

第 2 步：【镜像 / 三点镜像】工具 ⯗ 镜像复制出另一边的曲线，然后使用【组合】工具 ⬚ 将所有曲线合并。

第 3 步：【曲线圆角】工具 ⌐ 对曲线的转角处进行光滑处理，然后使用【旋转成形 / 沿路径旋转】工具 ♔ 生成盖子模型。

步骤如图 3-77 所示。

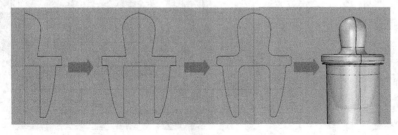

图 3-77

3.13 偏移曲面：盘子

场景位置	场景文件 >CH03>3.13.3dm	扫码观看视频 52
实例位置	实例文件 >CH03>3.13.3dm	
学习目标	掌握【偏移曲面】工具 的使用方法	

操作思路

盘子是一个中心对称的物体，边缘有波浪造型，因此先绘制出水果盘的轮廓线，制作出水果盘的内壁，使用【偏移曲面】工具 制作外壁，然后连接内、外壁。

制作工具

本例用到的制作工具是【偏移曲面】 工具，工具位置如图 3-78 所示。

操作步骤

STEP 打开"场景文件 >CH03>3.13.3dm"文件，如图 3-79 所示。

图 3-78

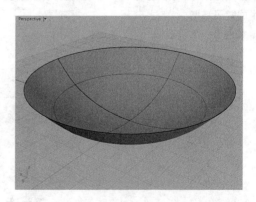

图 3-79

STEP 12　单击鼠标左键【曲面圆角】按钮旁的三角按钮，在打开的面板中单击【偏移曲面】按钮，然后选择曲面并右击确认，接着单击曲面反转其方向，再在命令行单击【距离】选项，设置【距离】为 4，最后单击鼠标右键完成操作，如图 3-80 所示，效果如图 3-81 所示。

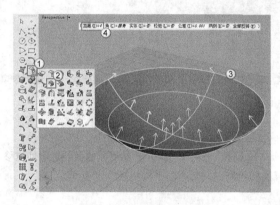
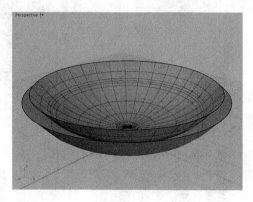

图 3-80　　　　　　　　　　　　　　　　　图 3-81

STEP 13　使用【混接曲面】工具，然后选择两个曲面并单击鼠标右键确认，接着在打开的【调整曲面混接】对话框中，设置第 2 栏的值为 0.25，最后单击【确定】按钮，如图 3-82 所示，效果如图 3-83 所示。

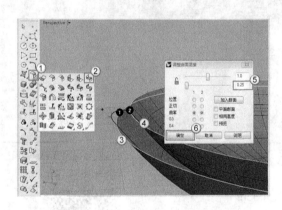

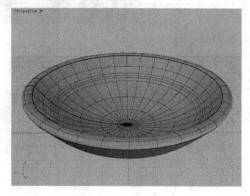

图 3-82　　　　　　　　　　　　　　　　　图 3-83

实例总结

　　本实例通过制作一个水果盘的模型，来介绍【偏移曲面】工具的使用方法。在使用该工具时需要注意的是，曲面的方向决定了偏移曲面的位置。

进阶拓展

场景位置	场景文件 >CH03>3.13.3dm	扫码观看视频 53
实例位置	实例文件 >CH03> 练习 21.3dm	

实例中的盘子是一个相对单调的造型，为了增加使盘子的外形更加美观，可以调整盘子的边缘使其呈波浪状。

制作提示

第1步：使用【打开点/关闭点】工具 子面板下的【插入节点】工具，然后将曲面的边向外位移。

第2步：使用【打开点/关闭点】工具 间隔选择控制点，然后向下拖拽形成波浪花边。

步骤如图 3-84 所示。

图 3-84

3.14 重建曲面：机械零件

场景位置	场景文件 >CH03>3.14.3dm	扫码观看视频 54
实例位置	实例文件 >CH03>3.14.3dm	
学习目标	掌握【重建曲面】工具 的使用方法	

操作思路

机械零件在工业中的种类不计其数，本例中的机械零件面数较多，使用【重建曲面】工具，可自由控制曲面的面数。

操作工具

本例的操作工具是【重建曲面】，视图界面如图 3-85 所示。

操作步骤

STEP 1 打开"场景文件 >CH03>3.14.3dm"文件，如图 3-86 所示。

图 3-85

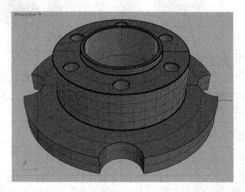

图 3-86

STEP 2 单击鼠标左键【曲面圆角】按钮 旁的三角按钮，在打开的面板中单击【重建曲面】按钮 ，然后选择曲面并右击确认，接着在打开的【重建曲面】对话框中，设置【点数】参数下的 U 为 4、V 为 20，最后单击鼠标左键【确定】按钮 ，如图 3-87 所示，效果如图 3-88 所示。

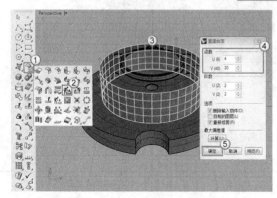

图 3-87

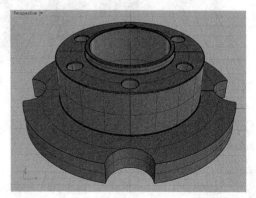

图 3-88

实例总结

本实例通过制作一个机械零件模型，来介绍【重建曲面】工具 的使用方法。该工具可减少面数，以节省计算机资源；也可以增加面数，以增加曲面细节或便于二次操作。

进阶拓展

场景位置	场景文件 >CH03>3.14.3dm	扫码观看视频 55
实例位置	实例文件 >CH03> 练习 22.3dm	

实例中的机械零件，下端的造型较为硬朗，使用【不等距边缘斜角】工具 ◎ 可制作出边缘的过渡效果，然后使用【不等距边缘圆角 / 不等距边缘混接】工具 ◎ 来对棱边进行光滑处理。

制作提示

第 1 步：使用【组合】工具 ◎ 将曲面组合。

第 2 步：使用【布尔运算联集】工具 ◎ 子面板下的【不等距边缘斜角】工具 ◎，对模型边缘进行斜角处理。

第 3 步：使用【不等距边缘圆角 / 不等距边缘混接】工具 ◎ 对模型边缘进行光滑处理。

步骤如图 3-89 所示。

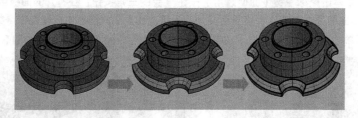

图 3-89

3.15 对称：酒杯图案

场景位置	场景文件 >CH03>3.15.3dm	扫码观看视频 56
实例位置	实例文件 >CH03>3.15.3dm	
学习目标	掌握【对称】工具 ◎ 的使用方法	

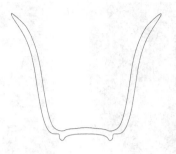

操作思路

　　酒杯图案是一个轴对称图形，使用【对称】工具 ∩，选择酒杯的曲线，然后确定对称轴，即可复制出另一侧的曲线。

操作工具

　　本例的操作工具是【对称】∩，如图 3-90 所示。

操作步骤

STEP 1　打开"场景文件 >CH03>3.15.3dm"文件，如图 3-91 所示。

图 3-90

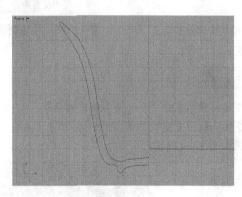

图 3-91

STEP 2　单击【曲面圆角】按钮 ⌐ 旁的三角按钮，在打开的面板中单击【对称】按钮 ∩，然后选择曲线，接着确定对称轴，单击鼠标左键完成操作，如图 3-92 所示，效果如图 3-93 所示。

实例总结

　　本实例通过制作一个酒杯图案，来介绍【对称】工具 ∩ 的使用方法。该工具和【镜像 / 三点镜像】工具 ⚏ 的功能类似，不同的是【对称】工具 ∩ 生成的曲线具有连续性，而【镜像 / 三点镜像】工具 ⚏ 则没有。

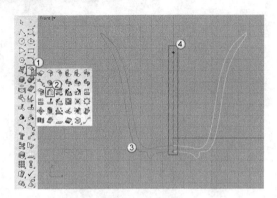

图 3-92

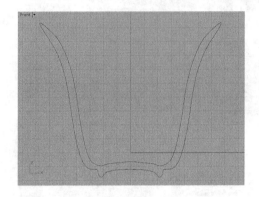

图 3-93

进阶拓展

场景位置	场景文件 >CH03>3.15.3dm	扫码观看视频 57
实例位置	实例文件 >CH03> 练习 23.3dm	

实例中的酒杯图案是一个曲线图形，使用【旋转成形 / 沿路径旋转】工具🍷生成曲面，完整酒杯模型的制作。

制作提示

第 1 步：使用【组合】工具🐾将曲线合并。

第 2 步：使用【旋转成形 / 沿路径旋转】工具🍷生成杯子模型。

步骤如图 3-94 所示。

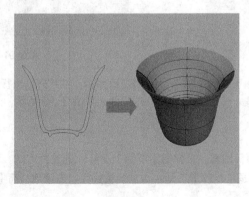

图 3-94

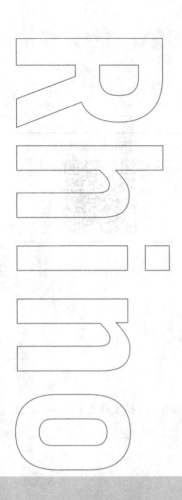

4

第4章
实体绘制技术

实体是Rhino中特有的概念，简单地理解就是，实体是一个封闭的曲面。Rhino的实体模块包含了大量的工具，这些工具可以快速地绘制出实体模型，也可以进行光滑、挤出、布尔等操作，以制作出造型复杂的模型。本章主要介绍了一些常用的实体工具，包括凸毂、布尔运算、肋和将面移动至边界等工具。通过对本章的学习，可以使用曲面和实体制作出工业设计中常见的模型。

本章学习要点

- 掌握挤出实体的创建方法
- 掌握布尔运算的操作技巧
- 掌握根据曲线生成实体的方法

4.1 挤出曲面：哑铃

场景位置	场景文件 >CH04>4.1.3dm
实例位置	实例文件 >CH04>4.1.3dm
学习目标	掌握【挤出曲面】工具 ▣ 的使用方法

扫描观看视频 58

操作思路

哑铃是一种常见的健身器械，主要由哑铃杆和哑铃片组成。选择曲面使用【挤出曲面】工具 ▣，为其挤出一定的厚度，使其具有哑铃片的造型。

操作工具

本例的操作工具是【挤出曲面】 ▣，如图 4-1 所示。

操作步骤

STEP 打开"场景文件 >CH04>4.1.3dm"文件，如图 4-2 所示。

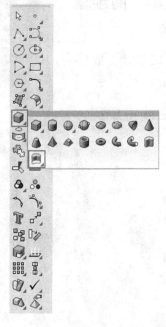

图 4-1

图 4-2

STEP 2 选择曲面，然后展开【立方体：角对角、高度】工具 ◉ 的子面板，接着单击【挤出曲面】按钮 ◙，再在【命令行】中输入 2.2，最后按 Enter 键完成操作，如图 4-3 所示，效果如图 4-4 所示。

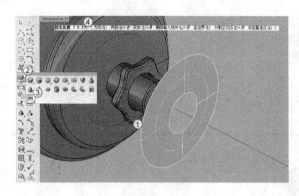

图 4-3   图 4-4

STEP 3 使用【不等距边缘圆角 / 不等距边缘混接】工具 ◈，然后设置【下一个半径】为 0.75，接着选择哑铃片，最后右击两次完成操作，如图 4-5 所示。

STEP 4 将哑铃片移动到哑铃上，如图 4-6 所示，然后删除曲面，接着使用【镜像/三点镜像】工具 ◈ 复制哑铃片到另一侧，如图 4-7 所示。

图 4-5   图 4-6

图 4-7

实例总结

本实例通过制作哑铃模型，来介绍【挤出曲面】工具 ◙ 的使用方法。使用该工具挤出对象时，原始曲面会被保留下来。

进阶拓展

场景位置	场景文件 >CH04>4.1. 3dm	扫描观看视频 59
实例位置	实例文件 >CH04> 练习 24. 3dm	

实例中的哑铃模型完成度已经很高了，但是哑铃片还缺少重量提示，使用【文字物件】工具 制作立体文字 5kg，提升哑铃片的细节。

制作提示

第 1 步：使用使用【文字物件】工具 创建立体文字 5kg。

第 2 步：使用【不等距边缘圆角 / 不等距边缘混接】工具 对文字边缘进行光滑处理。

第 3 步：使用【布尔运算联集】工具 将文字与哑铃片组合。

步骤如图 4-8 所示。

图 4-8

4.2 凸毂：齿轮

场景位置	场景文件 >CH04>4.2.3dm	扫描观看视频 60
实例位置	实例文件 >CH04>4.2.3dm	
学习目标	掌握【凸毂】工具 的使用方法	

操作思路

齿轮模型是一种常见的工业产品，应用的领域也特别广泛。选择所有的四边形曲线，然后使用【群组／解散群组】工具 🔾 将其合并，然后【凸毂】工具 🐌 根据曲线生成实体模型。

操作工具

本例的操作工具是【凸毂】🐌，如图 4-9 所示。

操作步骤

STEP 📥1 打开"场景文件 >CH04>4.2.3dm"文件，如图 4-10 所示，然后隐藏【图层 01】，如图 4-11 所示。

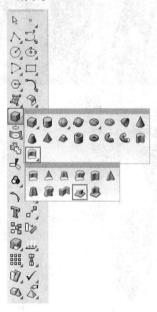

图 4-9

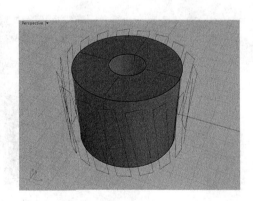

图 4-10

STEP 📥2 选择所有曲线，然后使用【群组／解散群组】工具 🔾，将其合并为一个物件，如图 4-12 所示。

STEP 📥3 选择曲线，然后展开【立方体：角对角、高度】工具 🔲 的子面板，接着展开【挤出曲面】工具 🔲 的子面板，再单击【凸毂】按钮 🐌，最后选择曲面，如图 4-13 所示，效果如图 4-14 所示。

STEP 📥4 选择曲线，然后按 Delete 键删除，接着显示【图层 01】，如图 4-15 所示。

实例总结

本实例通过制作一个齿轮模型，来介绍【凸毂】工具 🐌 的使用方法。该工具常用于制作模型上的突起部分，可根据曲线造型丰富细节。

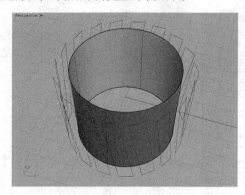
图 4-11

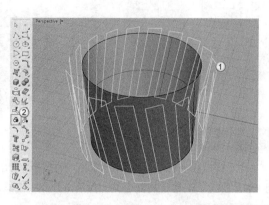
图 4-12

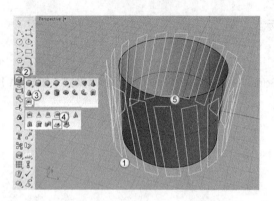
图 4-13

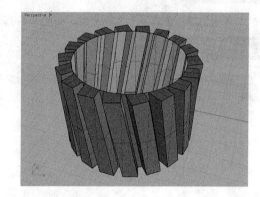
图 4-14

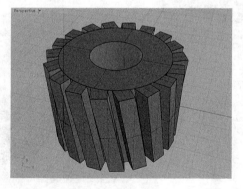
图 4-15

进阶拓展

场景位置	场景文件 >CH04>4.2. 3dm	扫描观看视频 61
实例位置	实例文件 >CH04> 练习 25.3dm	
视频位置	多媒体文件 >CH04> 练习 25.mp4	

　　实例中的齿轮模型是一个边缘硬朗的模型，使用【曲面斜角】工具 为齿轮的边缘进行斜角处理，使棱边过渡自然。

制作提示

　　第 1 步：使用【曲面斜角】工具 ，处理轮齿边缘的过渡。

　　第 2 步：使用【分割 / 修剪】工具 ，将斜角边缘的多余部分修剪掉。

　　第 3 步：使用同样的方法，对其他轮齿进行处理。

　　第 4 步：使用【曲面斜角】工具 ，处理轴心边缘的过渡。

　　步骤如图 4-16 所示。

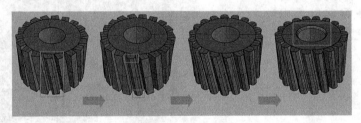

图 4-16

4.3　布尔运算差集：插销

场景位置	场景文件 >CH04>4.3.3dm	扫码观看视频 62
实例位置	实例文件 >CH04>4.3.3dm	
学习目标	掌握【布尔运算差集】工具 的使用方法	

操作思路

　　插销模型是一个中空，且顶部有弧度的造型。使用【布尔运算差集】工具 ，可以将目标对象生成作用对象的造型。

操作工具

本例的操作用到的是【布尔运算差集】◎工具，如图 4-17 所示。

操作步骤

STEP 01 打开"场景文件 >CH04>4.3.3dm"文件，然后选择圆柱体和立方体，接着单击鼠标左键单击【群组／解散群组】工具 将其合并，如图 4-18 所示。

图 4-17

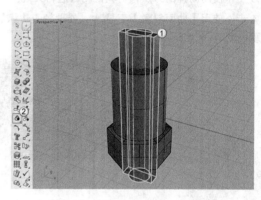

图 4-18

STEP 02 展开【布尔运算联集】工具 的子面板，然后单击【布尔运算差集】按钮 ，接着选择外侧的物件，再选择中心的物件，最后鼠标右键单击完成操作，如图 4-19 所示，效果如图 4-20 所示。

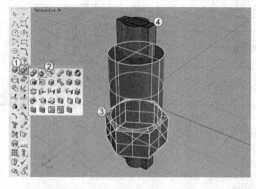

图 4-19

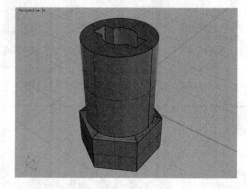

图 4-20

STEP 03 展开【立方体：角对角、高度】工具 的子面板，然后单击鼠标左键【圆柱体】按钮 ，接着激活【锁定格点】功能，在（x:0，y:14，z:0）处单击鼠标左键确定圆心，再在（x:4，y:8，z:0）处单击鼠标左键确定半径，最后拖曳鼠标并单击鼠标右键确定圆柱体的高度，如图 4-21 和图 4-22 所示。

STEP 04 鼠标左键单击【布尔运算差集】按钮 ，然后选择零件，接着选择圆柱体并鼠标右键单击完成操作，如图 4-23 所示。

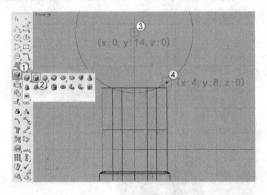

图 4-21

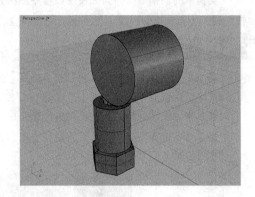

图 4-22

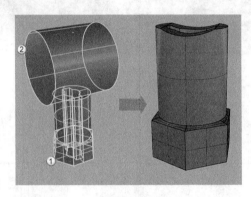

图 4-23

实例总结

本实例通过制作一个插销模型，来介绍【布尔运算差集】工具 🖱 的使用方法。在使用该工具时，要注意选择对象的先后顺序，以及对象的方向。

进阶拓展

场景位置	场景文件 >CH04>4.3. 3dm	扫码观看视频 63
实例位置	实例文件 >CH04> 练习 26. 3dm	
视频位置	多媒体文件 >CH04> 练习 26.mp4	

实例中的插销模型因为在使用过程中会频繁运动，所以在其周围增加突起部件，以增加插销的稳定性。使用【布尔运算联集】工具 🔵，可以将立方体和插销主体融合为一个物体。

制作提示

第 1 步：使用【立方体：角对角、高度】按钮 🔳 绘制一个立方体。

第 2 步：使用【环形阵列】工具 ✥，每相距 60° 复制 1 个立方体，共复制 5 个。

第 3 步：使用同样的方法，对其他轮齿进行处理。

第 4 步：选择所有物件，然后使用【布尔运算联集】工具 🔵，将其合并为一个物件。

步骤如图 4-24 所示。

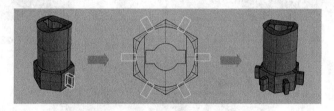

图 4-24

4.4 肋：卡扣

场景位置	场景文件 >CH04>4.4.3dm	扫码观看视频 64
实例位置	实例文件 >CH04>4.4.3dm	
学习目标	掌握【肋】工具 🔵 的使用方法	

操作思路

卡扣模型是一种用于固定的工具，因此对其的稳固性有一定要求。使用【肋】工具 🔵，根据曲线生成曲面，使卡扣的转折处生成三角形稳定结构。

操作工具

本例的操作工具是【肋】🔵，如图 4-25 所示。

操作步骤

STEP 01 打开"场景文件 >CH04>4.4.3dm"文件，如图 4-26 所示。

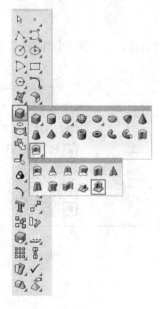

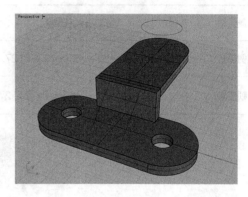

图 4-25　　　　　　　　　　　　　　　　　　图 4-26

STEP 2 展开【立方体：角对角、高度】工具 ▣ 的子面板，然后展开【挤出曲面】工具 ▣ 的子面板，单击【肋】按钮 ▣，接着选择直线，再在【命令行】中设置【距离】为 3 并鼠标右键单击确认，最后选择曲面，如图 4-27 所示，效果如图 4-28 所示。

STEP 3 按照步骤（2）的方法制作另一边的三角形，如图 4-29 所示。

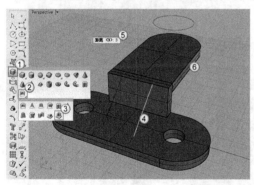

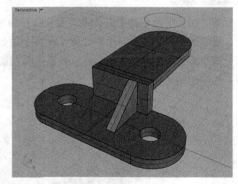

图 4-27　　　　　　　　　　　　　　　　　　图 4-28

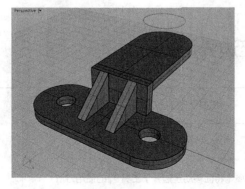

图 4-29

本实例通过制作一个卡扣模型，来介绍【肋】工具 的使用方法。该工具和【凸毂】工具 的功能有些类似，但【肋】工具 可以制作出更丰富的造型。

进阶拓展

场景位置	场景文件 >CH04>4.4. 3dm	扫码观看视频 65
实例位置	实例文件 >CH04> 练习 27.3dm	
视频位置	多媒体文件 >CH04> 练习 27.mp4	

实例中的卡扣模型，顶端没有固定点，使用【肋】工具 为其制作管状型的固定部分，使其更符合实际功能。

制作提示

第1步：使用【肋】工具 ，然后选择曲线。
第2步：在【命令行】中设置【距离】为3、【偏移】为【与曲线平面垂直】。
第3步：单击鼠标右键确认，然后选择曲面。
步骤如图 4-30 所示。

图 4-30

4.5 将面移动至边界：螺栓

场景位置	场景文件 >CH04>4.5.3dm	扫码观看视频 66
实例位置	实例文件 >CH04>4.5.3dm	
学习目标	掌握【将面移动至边界】工具 的使用方法	

操作思路

　　螺栓是一种常用的紧固件，其种类繁多、应用广泛。使用【将面移动至边界】工具 来制作螺栓，可以使螺栓顶部的曲面具有弧形曲面的造型。

操作工具

　　本例的操作用到的是【将面移动至边界】 工具，如图 4-31 所示。

操作步骤

STEP 1 打开"场景文件 >CH04>4.5.3dm"文件，如图 4-32 所示。

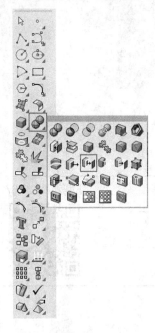

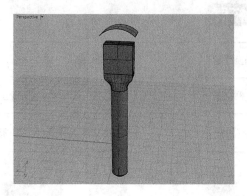

图 4-31　　　　　　　　　　　　　　　　　　图 4-32

STEP 2 单击【布尔运算联集】按钮 旁的【三角】按钮，然后在打开的面板中，单击【将面移动至边界】按钮 ，接着选择螺栓顶部的曲面并右击确认，最后选择弧形曲面，如图 4-33 所示，效果如图 4-34 所示。

STEP 3 选择顶部的弧形曲线，然后按 Delete 键删除，如图 4-35 所示。

实例总结

　　本实例通过制作一个螺栓模型，来介绍【将面移动至边界】工具 的使用方法。该工具可以在实体上生成作用曲面的造型，并且目标对象会有移动变化。

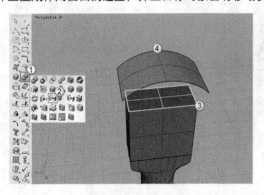

图 4-33

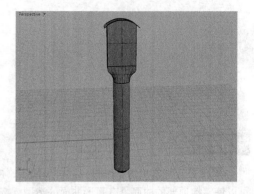

图 4-34

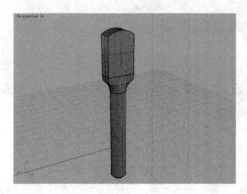

图 4-35

进阶拓展

场景位置	场景文件 >CH04>4.5. 3dm	扫码观看视频 67
实例位置	实例文件 >CH04> 练习 28. 3dm	
视频位置	多媒体文件 >CH04> 练习 28.mp4	

　　实例中的螺栓顶部没有固定结构，使用【布尔运算差集】工具 制作圆孔，并使用【曲面斜角】工具 对圆孔进行斜角处理。

制作提示

第 1 步：然后使用【布尔运算差集】工具 ◎ 制作螺栓孔。

第 2 步：使用【曲面斜角】工具 ◎，处理螺栓孔的边缘。

第 3 步：使用【分析方向 / 反转方向】工具 ，将曲面方向统一。

步骤如图 4-36 所示。

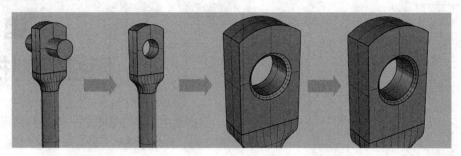

图 4-36

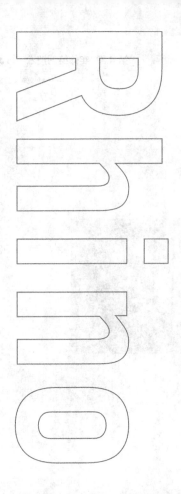

5

第5章
网格绘制技术

网格是由多条边围成的一个闭合路径形成的面的集合。网格建模是一种应用领域广泛的建模方式，Rhino虽然是一款曲面建模软件，但是对网格模型也有基本的支持，可以使网格模型快速地转换为曲面模型。本章重要介绍了网格的基本特性、网格与曲面之间的转换方法及三角面和四角面之间的转换方法。通过对本章的学习，可以轻松地对网格进行编辑，以配合其他软件设计产品。

本章学习要点

- 了解网格的基本特性
- 掌握网格与曲面之间的转换方法
- 掌握控制网格面数的方法
- 掌握三角化和四角化之间的转换方法

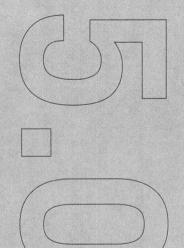

5.1 网格的基本操作

场景位置	场景文件 >CH05>5.1.3dm	扫码观看视频 68
实例位置	无	
学习目标	了解网格的基本特性	

操作工具

本例的操作工具是【渲染模式工作视窗】○和【打开点 / 关闭点】工具○。

操作步骤

STEP 1 打开"场景文件 >CH05>5.1.3dm"文件,如图 5-1 所示。从图中可见,场景中的模型由大量的三角面构成。

STEP 2【渲染模式工作视窗】工具○,然后选择模型,接着使用【打开点 / 关闭点】工具○显示控制点,如图 5-2 所示。

图 5-1

图 5-2

STEP 3 选择模型上的一个控制点,然后向外拖曳,如图 5-3 所示。由图 5-3 可见与选择点相交的面呈几何状态,和模型光滑的曲面形成强烈反差。

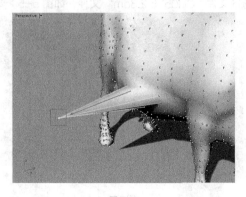

图 5-3

实例总结

本实例通过对网格的操作，来介绍网格的基本特性。Rhino 是一款曲线建模软件，因此网格功能并不是很强大，只提供了一些基本功能。

5.2 转化曲面/多重曲面为网格/转换网格为多重曲面：勺子

场景位置	场景文件 >CH05>5.2.3dm	扫码观看视频 69
实例位置	实例文件 >CH05>5.2.3dm	
学习目标	掌握曲面和网格之间的相互转换	

操作思路

勺子模型是一个网格模型，使用【转化曲面/多重曲面为网格/转换网格为多重曲面】工具 ≪ 可以使网格和曲面相互转换。

操作工具

本例的操作用到的是【转化曲面/多重曲面为网格/转换网格为多重曲面】 ≪ 工具，如图 5-4 所示。

标准 工作平面 设定视图 显示 选取 工作视窗配置 可见性 变动 曲线工具 曲面工具 实体工具 网格工具 渲染工具 出图 5.0 的新功能

图 5-4

操作步骤

STEP 01 打开"场景文件 >CH05>5.2.3dm"文件，如图 5-5 所示。

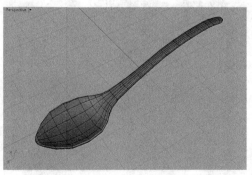

图 5-5

STEP 2 切换到【网格工具】选项卡，单击鼠标右键【转化曲面 / 多重曲面为网格 / 转换网格为多重曲面】按钮，接着选择网格模型，然后单击鼠标右键完成操作，最后将转化的实体模型拖曳至右侧，如图 5-6 所示。

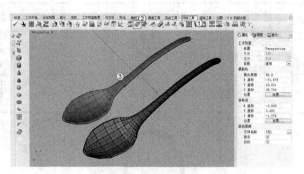

图 5-6

STEP 3 鼠标左键单击【转化曲面 / 多重曲面为网格 / 转换网格为多重曲面】按钮，然后在打开的"网格选项"对话框中向左拖曳滑块，接着单击"确定" 确定 按钮，如图 5-7 所示，最后将转化的网格模型拖曳至右侧，如图 5-8 所示。

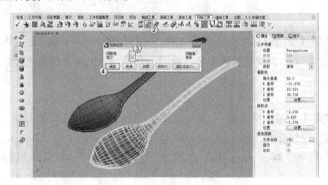

图 5-7

图 5-8

实例总结

本实例通过相互转换网格和曲面，来介绍【转化曲面 / 多重曲面为网格 / 转换网格为多重曲面】工具的使用方法。该工具在曲面转换成网格时，可以控制转换后的网格面数。

5.3 缩减网格面数 / 三角化网格：耳机

场景位置	场景文件 >CH05>5.3.3dm	扫码观看视频 70
实例位置	实例文件 >CH05>5.3.3dm	
学习目标	掌握控制网格面数的方法	

操作思路

耳机模型是一个需要使用网格面数较多的模型，使用【缩减网格面数 / 三角化网格】工具 📖 可以自由地控制网格的面数，而【计算网格面数】工具 📇 可以快速计算出网格模型的面数。

操作工具

本例的操作工具是【缩减网格面数 / 三角化网格】 📖 和【计算网格面数】 123，如图 5-9 所示。

图 5-9

操作步骤

STEP ➊ 打开"场景文件 >CH05>5.3.3dm"文件，如图 5-10 所示。

STEP ➋ 复制一个耳机模型，然后拖曳至右侧，接着鼠标左键单击【缩减网格面数 / 三角化网格】按钮 📖，再在打开的"缩减网格选项"对话框中，设置"或以 B"为 50 百分比，最后单击"确定"按钮，如图 5-11 所示，效果如图 5-12 所示。

图 5-10

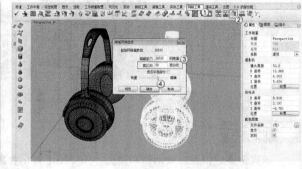

图 5-11

STEP 3 选择耳机模型，然后鼠标左键单击【计算网格面数】按钮，在【命令行】中可以看到所选模型的网格面数，如图 5-13 所示。

图 5-12

图 5-13

实例总结

本实例减少网格的面数，来介绍【缩减网格面数 / 三角化网格】工具和【计算网格面数】工具的使用方法。【缩减网格面数 / 三角化网格】工具可以精确地控制网格面数，也可以通过百分比的方式来减少网格面数。

5.4 三角化网格 / 三角化非平面的网格：锅

场景位置	场景文件 >CH05>5.4.3dm	扫码观看视频 71
实例位置	实例文件 >CH05>5.4.3dm	
学习目标	掌握三角化和四角化网格的方法	

操作思路

锅模型是一个由四边面构成的网格模型，使用【三角化网格 / 三角化非平面的网格】工具和【四角化网格】工具，可以使网格模型在三角面和四边角之间转换。

操作工具

本例的操作工具是【三角化网格 / 三角化非平面的网格】和【四角化网格】，如图 5-14 所示。

标准 工作平面 设定视图 显示 选取 工作视配置 可见性 变动 曲线工具 曲面工具 实体工具 网格工具 渲染工具 出图 5.0 的新功能

图 5-14

操作步骤

STEP 1 打开"场景文件 >CH05>5.4.3dm"
文件，如图 5-15 所示。

STEP 2 复制一个锅模型，然后向右侧
拖曳，接着单击【三角化网格 / 三角化非平面的网
格】按钮，最后选择复制出来的锅模型，效果如
图 5-16 所示。

STEP 3 复制一个三角化的锅模型，然
后向右侧拖曳，接着单击【四角化网格】按钮，
最后选择复制出来的锅模型，效果如图 5-17
所示。

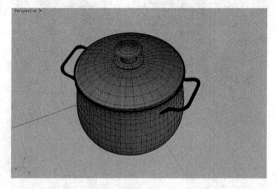

图 5-15

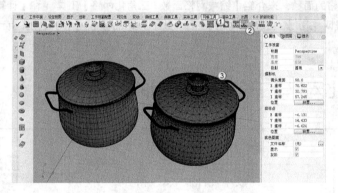

图 5-16

图 5-17

实例总结

本实例通过复制锅模型，来介绍【三角化网格 / 三角化非平面的网格】工具和【四角化网格】工
具的使用方法。在一些特殊情况下，会对模型面的类型有一定要求，使用这两个工具可以快速实现三
角面和四边角之间的转换。

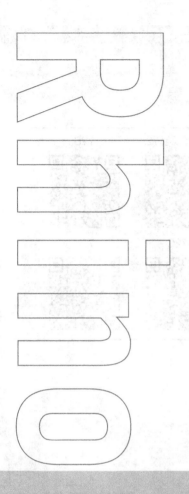

Chapter

6

第6章
工业设计中的建模实训

工业设计包含的范围相当广泛，其目的是满足使用者身、心上的需求。工业设计，指以工学、美学、经济学为基础对工业产品进行设计。因此，设计的产品大到飞机、轮船，小到螺丝、螺帽。本章主要介绍了工业模型的制作流程，以及完整的模型制作方法。通过对本章的学习，读者可以完整地制作出符合产品要求的模型。

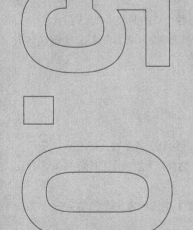

本章学习要点

● 熟练使用各种命令

● 掌握完整的建模流程

● 拓展工业设计的思路

6.1 CPU 散热片

场景位置	无
实例位置	实例文件 >CH06>6.1.3dm
学习目标	掌握如何制作 CPU 散热片

扫码观看视频 72A　　72B

72C　　72D

操作思路

　　CPU 散热器主要由散热片、散热管和底座构成，包括铝、铜和镍铬合金 3 种材质。首先绘制出模型的轮廓线，然后通过曲线生成曲面，根据散热器的特点将模型分为 4 部分，最后将模型添加到不同的图层，以便于后续操作。

操作工具

　　本例用到的操作工具有【多重直线 / 线段】⼈、【控制点曲线 / 通过数个点的曲线】、【组合】、【挤出曲面】、【直线阵列】、【圆管（圆头盖）】、【放样】、【分析方向 / 反转方向】、【圆柱体】和【布尔运算差集】等。

操作步骤

1. 绘制轮廓线

STEP 1 切换到 Top（上）视图，使用【多重直线 / 线段】工具⼈绘制一条曲线，如图 6-1 所示。

STEP 2 使用【镜像 / 三点镜像】工具复制其余 3 部分，然后使用【组合】工具将其合并，如图 6-2 所示。

STEP 3 单击【矩形：角对角】按钮口，然后在【操作视窗】中鼠标左键单击确定一个角，接着鼠标左键单击确定另一个角，绘制出一个矩形，如图 6-3 所示。

STEP 4 创建一个图层，将其命名为"轮廓线"，然后将绘制的曲线添加到该图层中，如图 6-4 所示，接着隐藏该图层。

STEP 5 切换到 Front（前）视图，使用【多重直线 / 线段】工具⼈绘制一条曲线，如图 6-5 所示。

STEP 6 使用【曲线圆角】工具，设置【半径】为 10，对曲线的两个角进行光滑处理，如

图6-6所示，然后使用【镜像/三点镜像】工具 进行复制，并使用【组合】工具 将其合并，如图6-7所示。

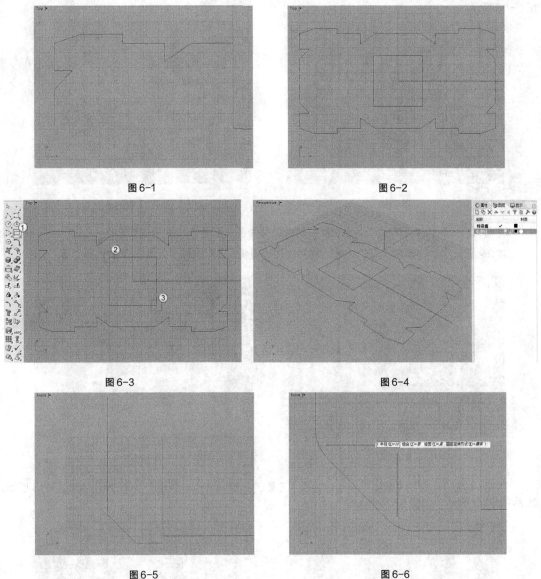

图 6-1　　　　　　　　　　　　　　　　图 6-2

图 6-3　　　　　　　　　　　　　　　　图 6-4

图 6-5　　　　　　　　　　　　　　　　图 6-6

STEP 切换到 Right(右)视图，然后复制出一条曲线，接着调整曲线的位置，如图 6-8 所示。

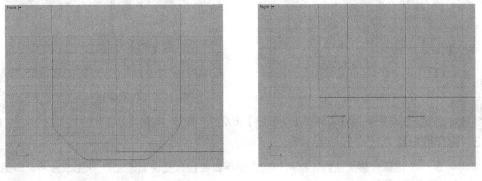

图 6-7　　　　　　　　　　　　　　　　图 6-8

STEP 8 显示"轮廓线"图层，然后复制出两个矩形，接着调整曲线的位置，如图 6-9 和图 6-10 所示。

图 6-9   图 6-10

STEP 9 切换到 Top（上）视图，然后调整曲线的形状，如图 6-11 所示。

STEP 10 选择调整好的曲线，然后使用【镜像／三点镜像】工具复制，如图 6-12 所示。

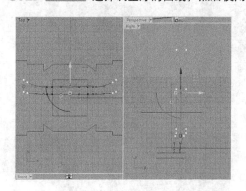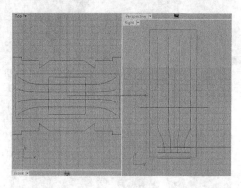

图 6-11   图 6-12

STEP 11 使用【圆：中心点、半径】工具，绘制 8 个【半径】为 3 的圆，如图 6-13 所示，然后将圆向上移动，如图 6-14 所示。

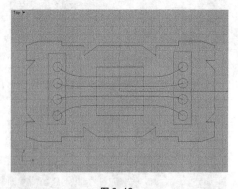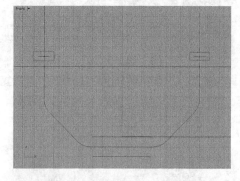

图 6-13   图 6-14

STEP 12 将所有曲线添加到【轮廓线】图层，如图 6-15 所示。

2. 制作散热片

STEP 1 选择散热片曲线，然后使用【以平面曲线建立曲面】工具生成曲线，如图 6-16 所示，效果如图 6-17 所示。

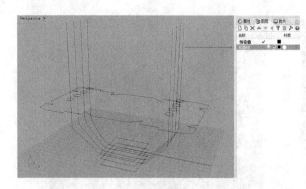

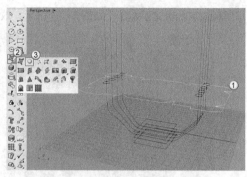

图 6-15

图 6-16

STEP 02 使用【修剪 / 取消修剪】工具，在散热片上修剪出圆孔，如图 6-18 所示。

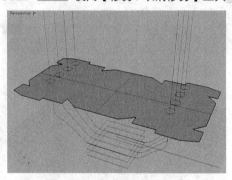

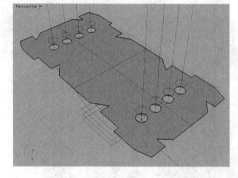

图 6-17

图 6-18

STEP 03 选择散热片曲面，使用【挤出曲面】工具，挤出一个厚度为 0.1 的物件，然后将原始曲面删除，如图 6-19 所示。

STEP 04 选择散热片物件，然后展开【矩形阵列】工具的子面板，接着鼠标左键单击【直线阵列】按钮，再单击确定阵列的起点，最后鼠标左键单击确定阵列的间隔距离，如图 6-20 所示，效果如图 6-21 所示。

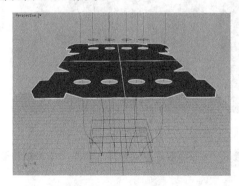

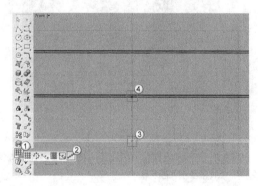

图 6-19

图 6-20

STEP 05 调整 U 形曲线两端的点，如图 6-22 所示，然后创建一个图层，将其命名为"散热片"，接着将散热片物件添加到新建的图层中，最后隐藏图层，如图 6-23 所示。

3. 制作散热管

STEP 01 展开【立方体：角对角、高度】工具的子面板，然后鼠标左键单击【圆管（圆头盖）】按钮，接着选择一条 U 形曲线，再输入 3（设置【半径】为 3）并用鼠标右键单击确认，最后用鼠标两次右击完成操作，如图 6-24 所示，效果如图 6-25 所示。

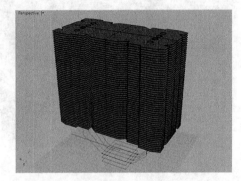

图 6-21

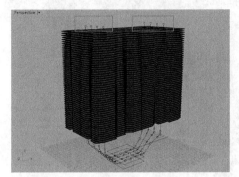

图 6-22

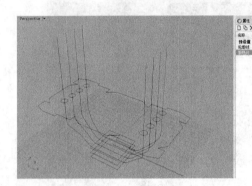

图 6-23

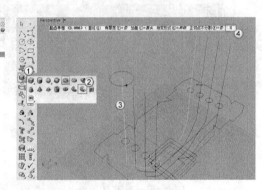

图 6-24

STEP 02 使用同样的方法和参数，制作其他 3 条散热管，如图 6-26 所示。

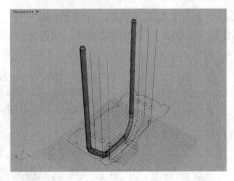

图 6-25

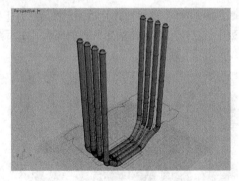

图 6-26

STEP 03 创建一个图层，将其命名为"散热管"，然后将散热管对象添加到图层中，接着隐藏该图层，如图 6-27 所示。

4. 制作散热底座

STEP 01 使用【以平面曲线建立曲面】工具 ，将矩形曲线生成曲面，如图 6-28 所示。

STEP 02 使用【放样】工具 生成曲面，如图 6-29 所示，然后使用【分析方向 / 反转方向】工具 将该面的方向反转，如图 6-30 所示。

STEP 03 使用同样的方法，制作下面的曲面，如图 6-31 所示。

STEP 04 复制矩形平面，将生成的曲面组合成为两个独体的立方体，然后使用【组合】工具，将两个立方体分别合并，如图 6-32 所示。

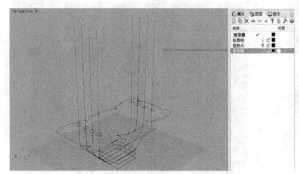

图 6-27

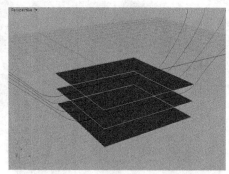

图 6-28

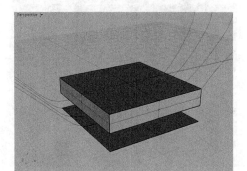

图 6-29

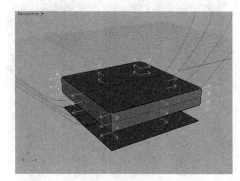

图 6-30

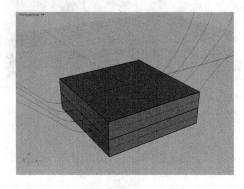

图 6-31

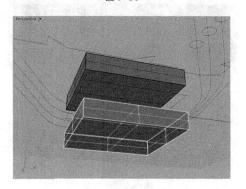

图 6-32

STEP 5 使用【圆柱体】工具，创建 4 个【半径】为 3，长度超过立方体的圆柱体，然后复制 4 个圆柱体，如图 6-33 和图 6-34 所示。

STEP 6 使用【布尔运算差集】工具，在立方体上制作弧形凹槽，如图 6-35 所示。

STEP 7 使用【矩形：角对角】工具□绘制矩形，然后将其拖曳至制作物体下面，如图 6-36 和图 6-37 所示。

STEP 8 展开【布尔运算联集】工具的子面板，然后鼠标左键单击【抽离曲面】按钮，接着选择底座底部的面，再用鼠标右键单击完成操作，最后删除抽离的面，如图 6-38 所示。

STEP 9 选择底部的矩形，使用【以平面曲线建立曲面】工具生成曲面，如图 6-39 所示。

STEP 10 选择底部的两套矩形曲线，然后使用【放样】工具生成曲面，如图 6-40 所示，接着使用【分析方向 / 反转方向】工具，反转曲面方向，如图 6-41 所示。

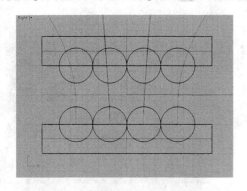

图 6-33

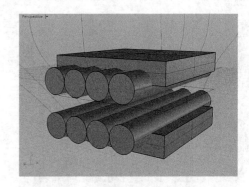

图 6-34

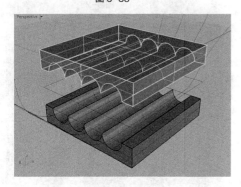

图 6-35

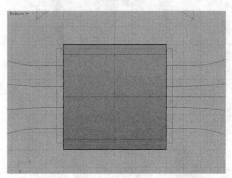

图 6-36

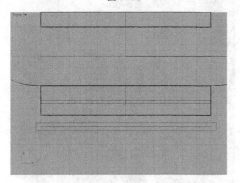

图 6-37

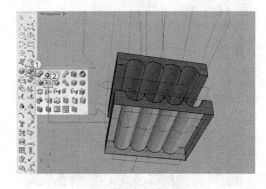

图 6-38

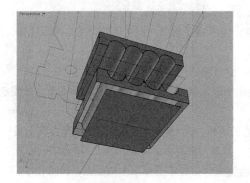

图 6-39

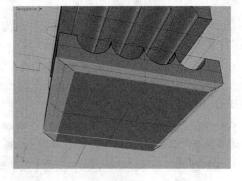

图 6-40

STEP **11** 将底座的上半部分拖曳至与下半部吻合，如图6-42所示，最终效果如图6-43所示。

STEP **12** 新建名为"散热底座上"和"散热底座下"的图层，然后分别将两个底座模型添加到对应图层中，如图6-44所示。

实例总结

本实例介绍了 CPU 散热器的制作方法。CPU 散热器是一种常见的电脑配件，很多厂家都有不同特色的散热器产品。本例结合实际的产品造型、功能特点，制作了一个主流的 CPU 散热器。

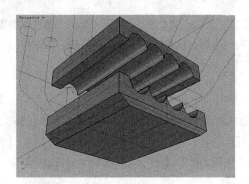

图 6-41

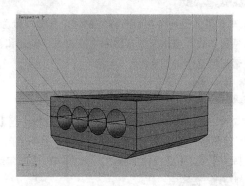

图 6-42

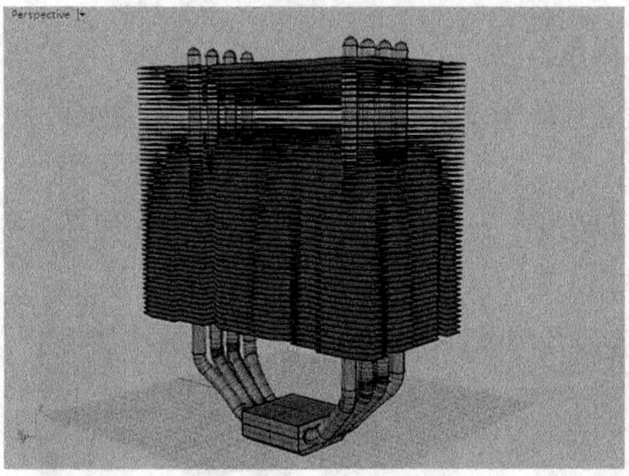

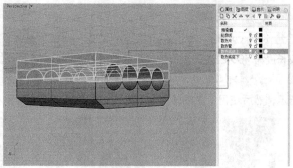

图 6-43

图 6-44

6.2 车毂

场景位置	无
实例位置	实例文件 >CH06>6.2.3dm
学习目标	掌握如何制作车毂

扫码观看视频 73A　　73B

73C　　73D

操作思路

车毂整体是一个中心对称的物体，车毂可分为轮毂、轮辐、轮辋和 PCD 孔 4 部分。首先绘制轮廓线概括出车毂的整体大型，然后生成轮毂、轮辐和轮辋的模型，接着复制出一圈的轮辋，再制作出 PCD 孔，最后将整个模型合并。

操作工具

本例用到的操作工具是【多重直线 / 线段】╱、【曲线圆角】╲、【镜像 / 三点镜像】▲、【组合】▼、【旋转成形 / 沿路径旋转】♥、【放样】▼、【分析方向 / 反转方向】═、【以平面曲线建立曲面】◎、【沿着曲线阵列】▼、【圆柱体】◎、【群组】◈、【布尔运算差集】◈和【布尔运算联集】◈等。

操作步骤

1. 绘制轮廓线

STEP ⬆️1 在 Front（前）视图中，使用【多重直线 / 线段】工具╱，绘制一条长度为 180 和一条长度为 400 的直线，作为参考线使用，如图 6-45 所示。

STEP ⬆️2 在 Front（前）视图中，使用【多重直线 / 线段】工具╱，绘制一条曲线，如图 6-46 所示，然后使用【曲线圆角】工具╲，将拐角处进行光滑操作，如图 6-47 所示。

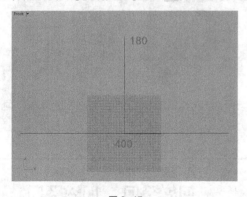

图 6-45

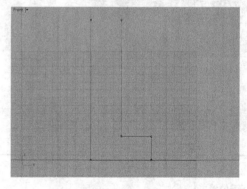

图 6-46

STEP ⬆️3 使用【镜像 / 三点镜像】工具▲，对曲线进行复制，如图 6-48 所示，然后将两条曲线向右移动 10，如图 6-49 所示。

STEP ⬆️4 将两条曲线的端点拖曳至 130 处，如图 6-50 所示，然后使用【多重直线 / 线段】工具╱，连接曲线间的缺口，最后使用【组合】工具▼，组合 3 条曲线，如图 6-51 所示。

STEP ⬆️5 使用【曲线圆角】工具╲，对曲线拐角处进行光滑处理，如图 6-52 所示，然后将曲线拖曳至参考线右侧，并和参考线对齐，如图 6-53 所示。

STEP ⬆️6 使用【圆：中心点、半径】工具◎，分别创建【半径】为 70、45、30、25 的圆，如图 6-54 所示，然后选择半径为 30 的圆向下移动 5，如图 6-55 所示。

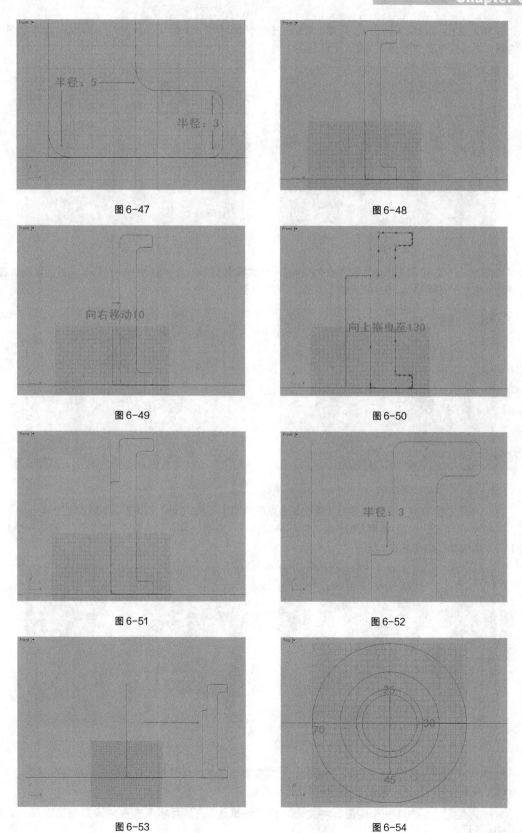

图 6-47

图 6-48

图 6-49

图 6-50

图 6-51

图 6-52

图 6-53

图 6-54

STEP 7 选择半径为 70 的圆，复制一个圆，然后向下移动 10，如图 6-56 所示，接着选择所有的圆，将其拖曳至 165 处，如图 6-57 所示。

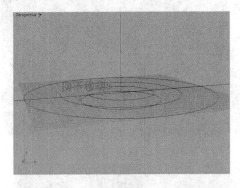

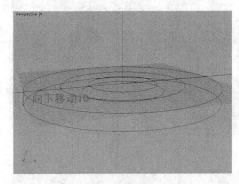

图 6-55　　　　　　　　　　　　　　　　　图 6-56

STEP 8 绘制一个【半径】为 22 的圆，将其拖曳至 165 处，如图 6-58 所示，然后复制该圆，接着向下拖曳至与半径为 70 的圆对齐，如图 6-59 所示。

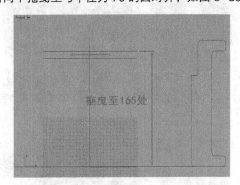

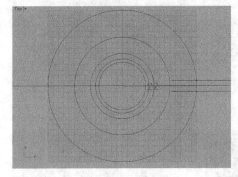

图 6-57　　　　　　　　　　　　　　　　　图 6-58

STEP 9 使用【控制点曲线 / 通过数个点的曲线】工具和【多重直线 / 线段】工具绘制曲线，如图 6-60 所示，然后使用【组合】工具将其合并，接着使用【曲线圆角】按钮，制作一个【半径】为 1 的圆角，如图 6-61 所示。

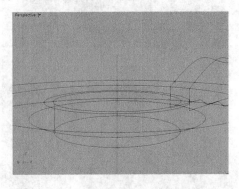

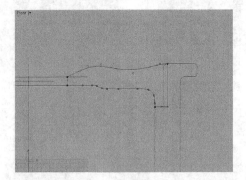

图 6-59　　　　　　　　　　　　　　　　　图 6-60

STEP 10 选择上一步绘制的曲线，然后复制出一条曲线并与上一步绘制的曲线位置相距 10，接着调整两条曲线的位置，如图 6-62 和图 6-63 所示。

STEP 11 创建一个图层，将其命名为"轮廓线"，然后将所有曲线添加到该图层中，如图 6-64 所示。

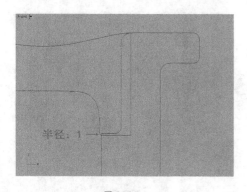

图 6-61　　　　　　　　　　　　　　　　图 6-62

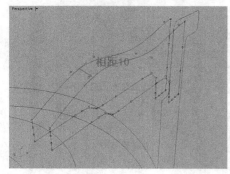

图 6-63

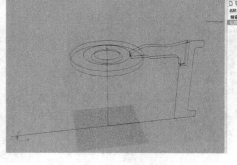

图 6-64

2. 生成曲面

STEP 1 使用【旋转成形 / 沿路径旋转】工具 制作车毂的框架，如图 6-65 所示，然后将其隐藏。

STEP 2 依次选择圆形曲线，然后使用【放样】工具 生成曲面，如图 6-66 所示，接着使用【分析方向 / 反转方向】工具 反转曲面的方向，如图 6-67 所示。

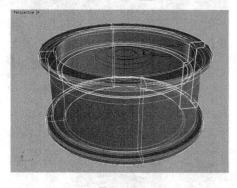

图 6-65

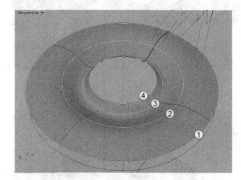

图 6-66

STEP 3 使用【放样】工具 将其余圆形生成曲面，如图 6-68 和图 6-69 所示。

STEP 4 选择生成的曲面，然后使用【组合】工具 将其组合，如图 6-70 所示。

STEP 5 选择轮辐曲线，然后使用【放样】工具 生成曲面，如图 6-71 所示，接着使用【分析方向 / 反转方向】工具 反转曲面方向，如图 6-72 所示。

STEP 6 使用【以平面曲线建立曲面】工具 ，生成轮辐两侧的面，如图 6-73 所示，然后使用【组合】工具 将曲面组合，如图 6-74 所示。

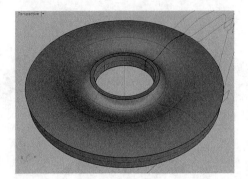

图 6-67　　　　　　　　　　　　　图 6-68

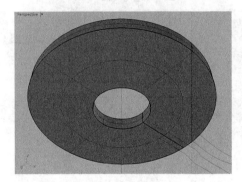
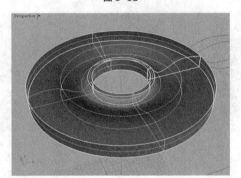

图 6-69　　　　　　　　　　　　　图 6-70

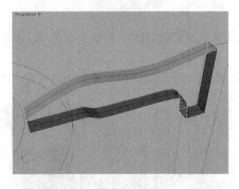
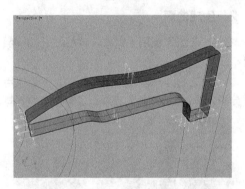

图 6-71　　　　　　　　　　　　　图 6-72

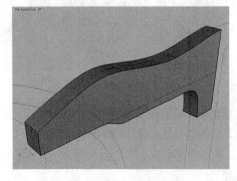
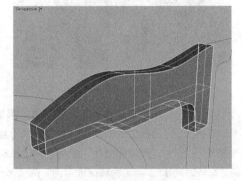

图 6-73　　　　　　　　　　　　　图 6-74

STEP 07 展开【矩形阵列】按钮 下的子面板，然后鼠标左键单击【沿着曲线阵列】按钮 ，接着选择轮辐模型并右击确认，再选择中间的圆形，最后在打开的【沿着曲线阵列选项】窗口设置【项目数】为 20，鼠标左键单击【确定】按钮 █确定█ 完成操作，如图 6-75 所示。

STEP 8 选择所有轮辐模型，然后使用【组合】工具，将其组合，如图 6-76 所示。

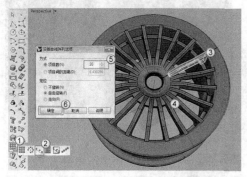
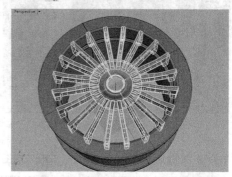

图 6-75　　　　　　　　　　　　　　　　　　图 6-76

STEP 9 使用【圆柱体】工具 创建【半径】为 15 和【半径】为 5 的圆柱体，如图 6-77 和图 6-78 所示。

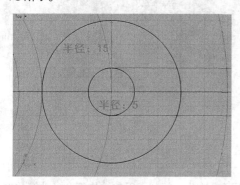
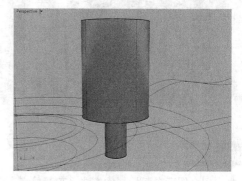

图 6-77　　　　　　　　　　　　　　　　　　图 6-78

STEP 10 使用【群组】工具 将圆柱体合并，然后调整其位置，如图 6-79 所示，接着使用【沿着曲线阵列】工具 复制 4 个圆柱体，如图 6-80 所示。

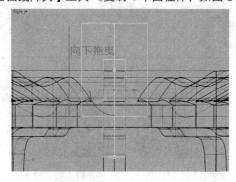
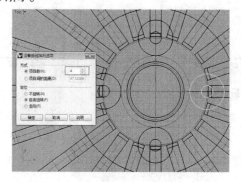

图 6-79　　　　　　　　　　　　　　　　　　图 6-80

STEP 11 选择 4 个圆柱体物件，然后使用【群组】工具 将其合并，如图 6-81 所示，接着使用【布尔运算差集】工具 制作螺丝孔，如图 6-82 所示。

STEP 12 选择所有曲面模型，然后使用【布尔运算联集】工具 ，将其合并为一个物体，如图 6-83 所示。

图 6-81

图 6-82

STEP 13 新建一个名为"车毂"的图层，然后将模型添加到该图层中，如图 6-84 所示。

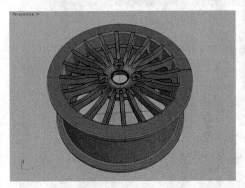

图 6-83

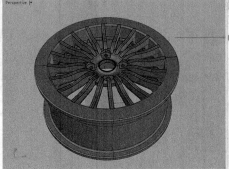

图 6-84

实例总结

本实例介绍了车毂的制作方法。车毂是汽车中不可或缺的一部分，因其结构复杂、涉及的知识面广，所以常常用在工业设计中。在使用布尔运算的工具时，需要注意模型的数量，数量越多运算的速度越慢，并且有失败的可能。

6.3 耳机

场景位置	无	扫码观看视频 74A　74B
实例位置	实例文件 >CH06>6.3.3dm	74C　74D　74E
学习目标	掌握如何制作耳机	

操作思路

耳机是人们日常生活中经常用到的电子产品，其产品可分为耳机帽、机壳、耳机线和插头 4 个部分。首先绘制出耳机主体的轮廓线，然后制作出耳机模型和耳机线模型，接着制作出插头的模型，最后制作出细节部分。

操作工具

本例用到的操作工具是【圆：中心点、半径】⚪、【多重直线 / 线段】╱、【旋转成形 / 沿路径旋转】💡、【分割 / 以结构线分割曲面】⬡、【以平面曲线建立曲面】◉、【曲面圆角】🔖、【圆柱管】🛢、【可调式混接曲线 / 混接曲线】🌀、【立方体：角对角、高度】📦 和【圆管（圆头盖）】🔖 等。

操作步骤

1. 绘制轮廓线

STEP ⬆1 在 Right（右）视图中，使用【圆：中心点、半径】工具⚪，分别绘制【半径】为 5 和【半径】为 2 的圆，如图 6-85 所示。

STEP ⬆2 在 Front（前）视图中，复制一个小圆，然后调整位置，如图 6-86 所示。

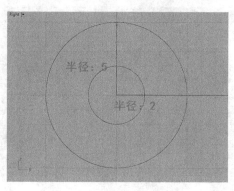

图 6-85

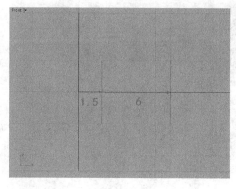

图 6-86

STEP ⬆3 使用【多重直线 / 线段】工具╱和【控制点曲线 / 通过数个点的曲线】工具📐绘制两条曲线，如图 6-87 和图 6-88 所示。

STEP ⬆4 在 Top(上) 视图中，使用【圆：中心点、半径】工具⚪，绘制一个【半径】为 1 的圆，如图 6-89 所示。

STEP ⬆5 创建一个名为"轮廓线"的图层，然后将所有的曲线添加到该图层中，如图 6-90 所示。

2. 制作机壳

STEP ⬆1 使用【旋转成形 / 沿路径旋转】工具💡生成机壳曲面，如图 6-91 所示。

STEP ⬆2 单击【分割 / 以结构线分割曲面】按钮⬡，然后选择曲面并右击确认，接着选择直线，再右击完成操作，如图 6-92 所示，最后使用【组合】工具🔗合并中间两个的曲面，如图 6-93 所示。

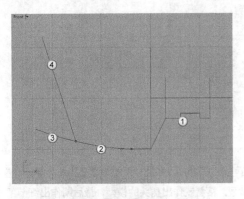

图 6-87

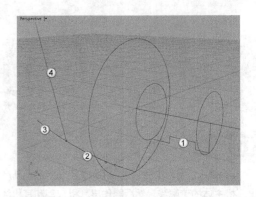

图 6-88

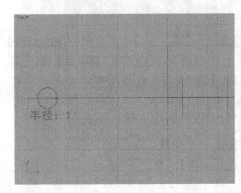

图 6-89

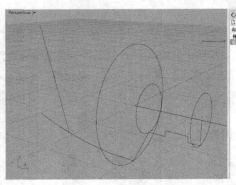

图 6-90

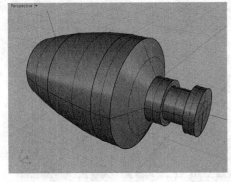

图 6-91

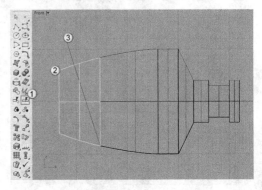

图 6-92

STEP 13 选择底部的曲面，然后缩小 0.95，如图 6-94 所示，接着使用【放样】工具 和【以平面曲线建立曲面】工具 生成缺口上的曲面，如图 6-95 所示。

STEP 14 使用【修剪/取消修剪】工具 ，在机壳底部修剪一个圆孔，如图 6-96 所示。

STEP 15 使用【圆：中心点、半径】工具 绘制一个【半径】为 1 的圆，然后鼠标左键单击【分割/以结构线分割曲面】工具 ，选择机壳曲面并鼠标右键单击确认，接着选择圆形曲线，最后右键单击分离出一个圆形曲面，如图 6-97 所示。

STEP 16 选择圆圆曲面，然后向内移动 -0.5，如图 6-98 所示，接着使用【放样】工具 修补缺口，如图 6-99 所示。

STEP 17 使用【曲面圆角】工具 ，设置【半径】为 0.2，然后光滑机壳的 4 个角，如图 6-100 所示。

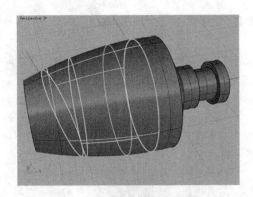

图 6-93

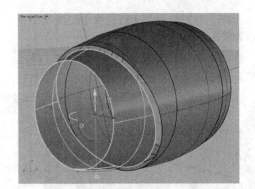

图 6-94

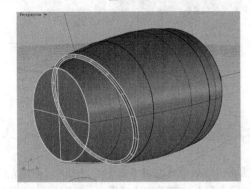

图 6-95

图 6-96

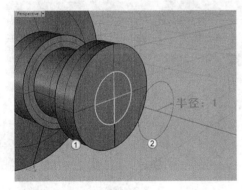

图 6-97

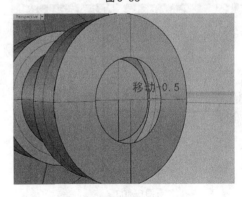

图 6-98

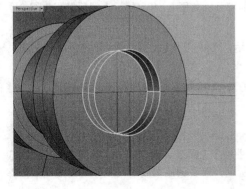

图 6-99

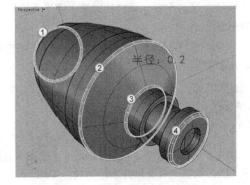

图 6-100

STEP ⌂8 使用【圆柱管】工具 🗍 创建一个【半径】为 1、【厚度】为 0.8、高为 3 的圆柱管，然后调整其位置，如图 6-101 所示。

STEP ⌂9 创建一个名为"机壳"的图层，然后将机壳曲面添加到该图层中，如图 6-102 所示，接着隐藏图层。

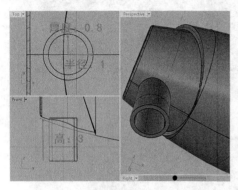

图 6-101

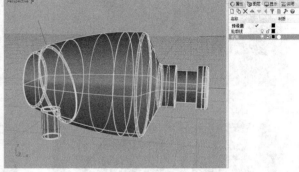

图 6-102

3. 制作耳机帽

STEP ⌂1 使用【多重直线 / 线段】工具 ⋀ 和【控制点曲线 / 通过数个点的曲线】工具 🗍 绘制曲线，如图 6-103 所示。

STEP ⌂2 展开【曲线圆角】工具 ⌐ 下的子面板，然后鼠标左键单击【可调式混接曲线 / 混接曲线】按钮 ⬚，接着选择两条曲线，再调整控制手柄，最后鼠标右键单击完成操作，如图 6-104 所示。

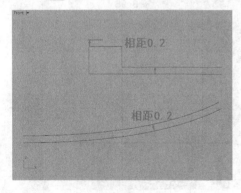

图 6-103

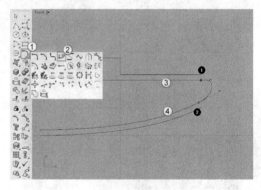

图 6-104

STEP ⌂3 使用同样的方法，连接曲线的其他部分，如图 6-105 所示，然后使用【组合】工具 🗍 将曲线组合。

STEP ⌂4 调整曲线的位置，如图 6-106 所示，然后使用【旋转成形 / 沿路径旋转】工具 ☌ 生成耳机帽模型，如图 6-107 所示。

STEP ⌂5 选择整个耳机模型，然后旋转 -90°，接着复制耳机模型，最后调整模型的位置和角度，如图 6-108 所示。

4. 制作耳机线

STEP ⌂1 使用【控制点曲线 / 通过数个点的曲线】工具 🗍，绘制连接耳机的曲线，如图 6-109 所示，然后绘制一条连接音源的曲线，如图 6-110 所示，接着调整曲线的高度，使曲线走势自然，如图 6-111 所示。

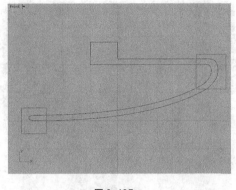

图 6-105

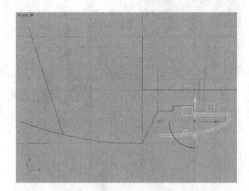

图 6-106

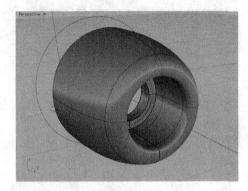

图 6-107

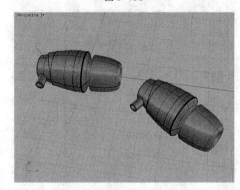

图 6-108

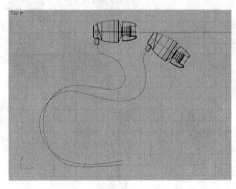

图 6-109

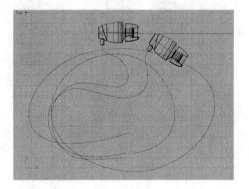

图 6-110

STEP 12 展开【立方体：角对角、高度】工具 ◎ 的子面板，然后鼠标左键单击【圆管（圆头盖）】按钮 ◎，接着选择曲线，再设置【加盖】为【无】【直径】为 1，最后 3 次 / 鼠标右键单击完成操作，如图 6-112 所示。

STEP 13 使用同样的方法制作耳机线，而音源连接线的直径为 2，如图 6-113 所示。

STEP 14 在 Top（上）视图中，使用【多重直线 / 线段】工具 ∧ 和【控制点曲线 / 通过数个点的曲线】工具 ⌐ 绘制曲线，如图 6-114 所示。

STEP 15 使用【旋转成形 / 沿路径旋转】工具 ♥ 生成插头模型，如图 6-115 所示，然后使用【分割 / 以结构线分割曲面】工具 凸，将插头分割成 7 部分，如图 6-116 所示。

STEP 16 使用【放样】工具 ☆，将 3 条圆弧曲线生成曲面，如图 6-117 所示，然后用同样的方法，制作其上下左右的曲面，如图 6-118 所示。

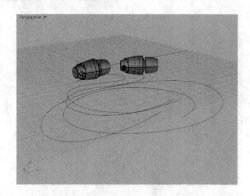

图 6-111

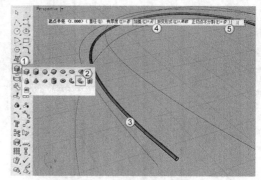

图 6-112

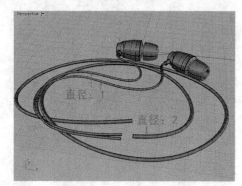

图 6-113

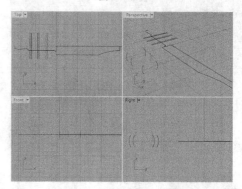

图 6-114

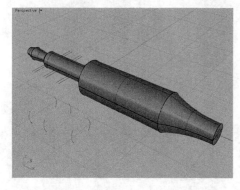

图 6-115

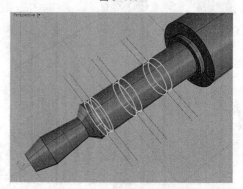

图 6-116

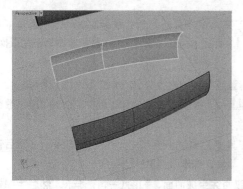

图 6-117

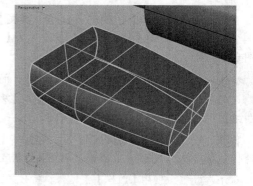

图 6-118

STEP 7 使用【组合】工具 🕸 将曲面组合，然后展开【布尔运算联集】工具 🔵 下的子面板，鼠标左键单击【不等距边缘圆角 / 不等距边缘混接】按钮 🔵 ，接着在【命令行】中设置【下一个半径】为 0.2，再选择物件的棱边，最后鼠标右键单击两次完成操作，如图 6-119 所示，效果如图 6-120 所示。

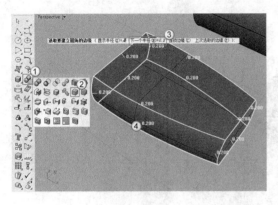

图 6-119

图 6-120

STEP 8 将新建的模型拖曳至耳机线上，连接整个模型，如图 6-121 所示。

STEP 9 将耳机线模型添加到"耳机线"图层中，如图 6-122 所示。

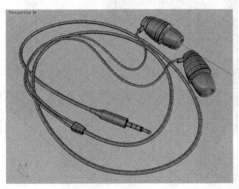

图 6-121

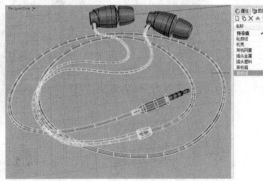

图 6-122

STEP 10 新建名为"耳机网膜""插头金属""插头塑料"和"耳机帽"4 个图层，如图 6-123 所示。

STEP 11 选择耳机中圆形曲面，然后添加到"耳机网膜"图层，如图 6-124 所示，接着将耳机帽模型添加到"耳机帽"图层中，如图 6-125 所示。

STEP 12 选择 4 段耳机插头模型，然后添加到"插头金属"图层中，如图 6-126 所示，接着将 3 段环形曲面添加到"插头塑料"图层中，如图 6-127 所示。

实例总结

本实例介绍了耳机的制作方法。耳机的体积虽然不大，但是包含的细节非常多。在分析模型的结构时，也要注意模型的材质。本例的耳机模型，包含了不锈钢、铜、硬塑料和软塑料等材质，在制作完模型后，对其进行合理的图层分配，以便于后续的工作。

图 6-123

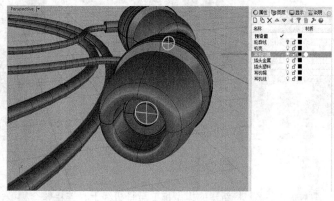

图 6-124

图 6-125

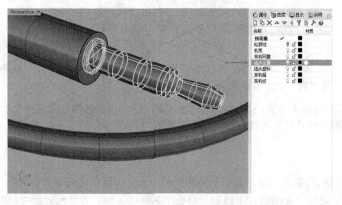

图 6-126

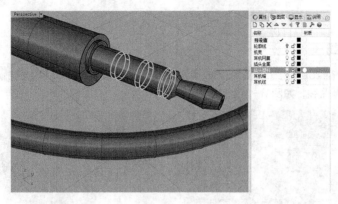

图 6-127

6.4 焊工锤

场景位置	无	扫码观看视频 75A 75B
实例位置	实例文件 >CH06>6.4.3dm	
学习目标	掌握如何制作焊工锤	75C 75D

操作思路

　　焊工锤是电焊工使用的一种工具，常用来敲打焊接时产生的碎渣，焊工锤包括锤头、手柄两部分，其中手柄由金属和塑料两部分组成。焊工锤制作步骤，首先绘制焊工锤的轮廓线，然后生成曲面，接着处理模型的细节部分。

操作工具

　　本例的操作工具是【多重直线 / 线段】、【控制点曲线 / 通过数个点的曲线】、【矩形：角对角】、【不等距边缘圆角 / 不等距边缘混接】、【修剪 / 取消修剪】、【抽离线框】、【双轨扫掠】、【旋转成形 / 沿路径旋转】、【球体：中心点、半径】、【矩形阵列】、【布尔运算差集】等。

操作步骤

1. 绘制轮廓线

STEP 1 在 Top（上）视图中，使用【多重直线 / 线段】工具和【控制点曲线 / 通过数个点的曲线】工具绘制曲线，如图 6-128 和图 6-129 所示。

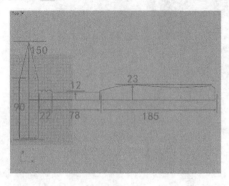

图 6-128

图 6-129

STEP 2 使用【矩形：角对角】工具和【控制点曲线 / 通过数个点的曲线】工具绘制矩形和曲线，使所有轮廓线相互匹配，如图 6-130 所示，然后使用【镜像 / 三点镜像】工具复制出手柄其他方向的曲线，如图 6-131 所示。

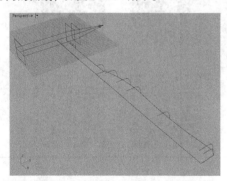

图 6-130

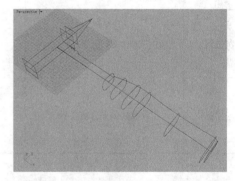

图 6-131

STEP 3 创建一个名为"轮廓线"的图层，然后将所有曲线添加到该图层中，如图 6-132 所示。

2. 制作锤头

STEP 1 使用【放样】工具生成锤头的曲面，如图 6-133 和图 6-134 所示。

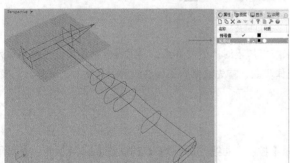

图 6-132

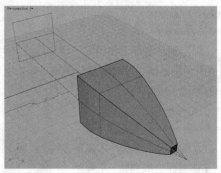

图 6-133

STEP 12 使用【以平面曲线建立曲面】工具 生成锤头的面，如图 6-135 所示，然后使用【分析方向 / 反转方向】工具 反转曲面的方向，如图 6-136 所示。

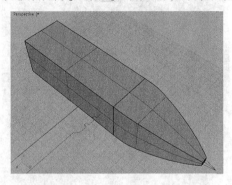

图 6-134

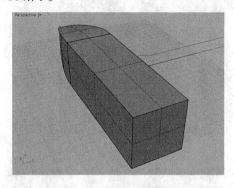

图 6-135

STEP 13 使用【不等距边缘圆角 / 不等距边缘混接】工具 ，设置【下一个半径】为 3，然后对锤头的棱边进行光滑处理，如图 6-137 所示，效果如图 6-138 所示。

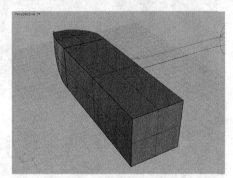

图 6-136

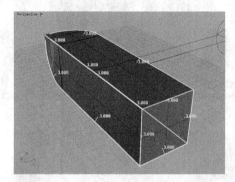

图 6-137

STEP 14 使用【多重直线 / 线段】工具 创建一条直线，如图 6-139 所示，然后使用【修剪 / 取消修剪】工具 沿直线修剪锤头的边缘，如图 6-140 所示。

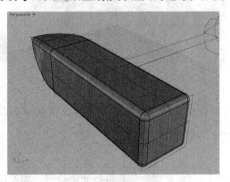

图 6-138

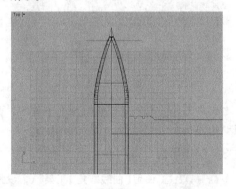

图 6-139

STEP 15 使用【以平面曲线建立曲面】工具 在锤头缺口处生成曲面，如图 6-141 所示，然后选择曲面，接着展开【投影至曲面】工具 下的子面板，再鼠标左键单击【抽离线框】按钮 ，如图 6-142 所示，最后删除生成的直线，如图 6-143 所示。

STEP 16 使用【控制点曲线 / 通过数个点的曲线】工具 绘制一条曲线，如图 6-144 所示，然后使用【镜像 / 三点镜像】工具 复制出一条曲线，如图 6-145 所示。

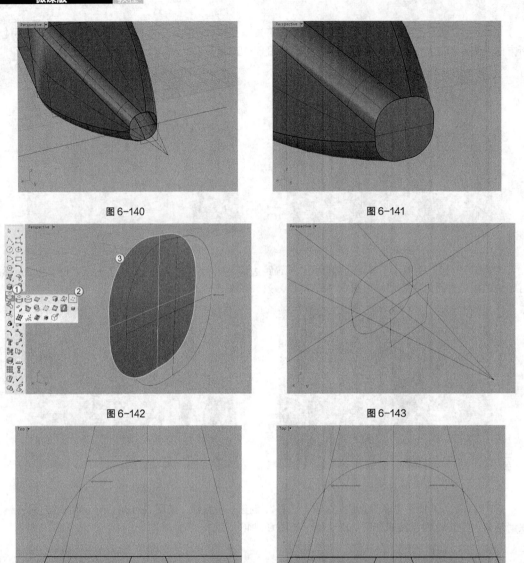

图 6-140   图 6-141

图 6-142   图 6-143

图 6-144   图 6-145

STEP 17 使用【双轨扫掠】工具 🔨，然后选择新绘制的曲线，单击鼠标右键生成曲面，如图 6-146 和图 6-147 所示。

3. 制作手柄

STEP 1 使用【曲线圆角】工具 ⌐，设置【半径】为1，然后对直角进行光滑处理，如图6-148所示，接着使用【旋转成形 / 沿路径旋转】工具 🌂 生成曲面，如图 6-149 所示。

STEP 2 将手柄的轮廓线单独进行组合，如图 6-150 所示，然后依次选择轮廓线（除最低端的一条直线以外），接着使用【放样】工具 ⌒ 生成曲面，如图 6-151 所示，最后生成底端的面，如图 6-152 所示。

STEP 3 使用【以平面曲线建立曲面】工具 ◌ 生成手柄两端的曲面，如图 6-153 所示，然后使用【组合】工具 🐾 将其合并，如图 6-154 所示。

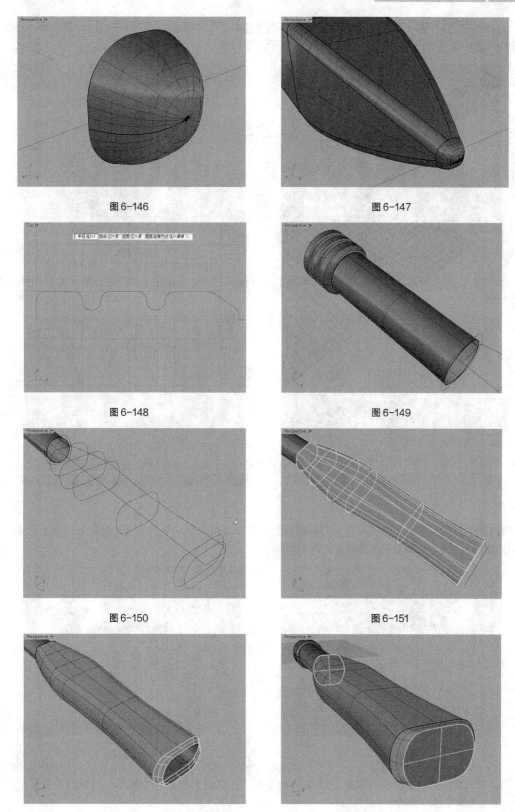

图 6-146

图 6-147

图 6-148

图 6-149

图 6-150

图 6-151

图 6-152

图 6-153

STEP 14 使用【不等距边缘圆角 / 不等距边缘混接】工具 🔘，设置【下一个半径】为 1，然后对手柄两端的棱边进行光滑处理，如图 6-155 所示，效果如图 6-156 所示。

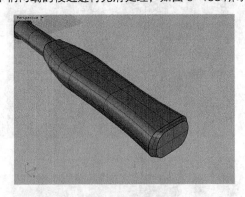

图 6-154

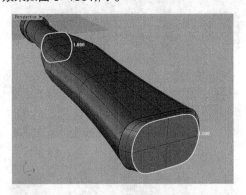

图 6-155

STEP 15 使用【球体：中心点、半径】工具 🔘 创建一个【半径】为 2 的球体，如图 6-157 和图 6-158 所示。

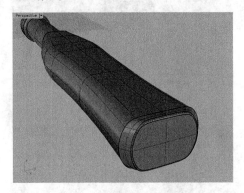

图 6-156

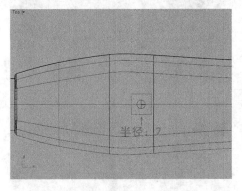

图 6-157

STEP 16 使用【矩形阵列】工具 ▦，设置【X 方向的数目】为 1、【Y 方向的数目】为 4、【Z 方向的数目】为 1，然后复制出球体，如图 6-159 所示。

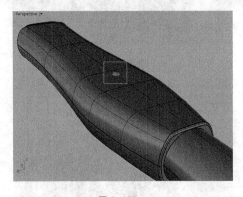

图 6-158

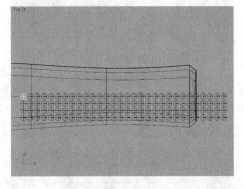

图 6-159

STEP 17 调整球体的位置，如图 6-160 所示，然后删除多余的球体，排列成箭头形状，如图 6-161 和图 6-162 所示。

STEP 18 使用【镜像 / 三点镜像】工具 🔷 复制出一组球体，然后使用【群组】工具 🔘，将所有球体组合，如图 6-163 所示，接着使用【布尔运算差集】工具 ⊘ 在手柄模型上删除球体凹装造型，如图 6-164 所示，最终效果如图 6-165 所示。

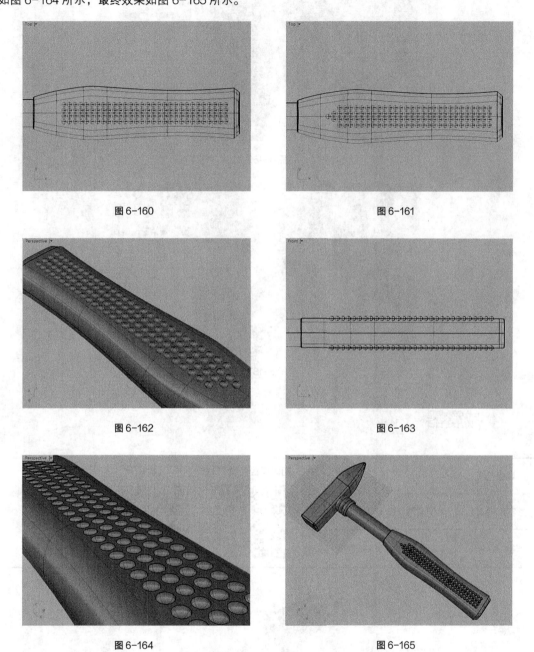

图 6-160

图 6-161

图 6-162

图 6-163

图 6-164

图 6-165

STEP 9　新建名为 "手柄金属" 和 "手柄塑料" 的图层，然后将圆柱体模型添加到 "手柄金属" 图层中，如图 6-166 所示，接着将手柄模型添加到 "手柄塑料" 图层中，如图 6-167 所示。

实例总结

　　本实例介绍了焊工锤的制作方法。焊工锤的造型较为简单，但是在细节处理需要结合多种工具处理。在处理类似手柄的防滑纹时，应先将需要布尔运算的一组模型合并，这样可以提高制作效率。

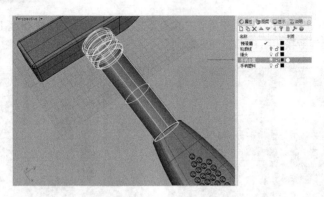

图 6-166

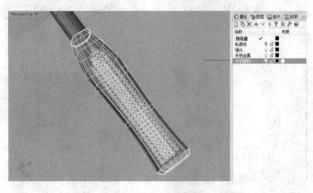

图 6-167

6.5 减震器

场景位置	无	扫码观看视频 76A	76B	76C
实例位置	实例文件 >CH06>6.5.3dm			
学习目标	掌握如何制作减震器			

操作思路

减震器是交通工具中的重要部件，可以减少外力对人体损伤，减震器由保护套、连杆、弹簧和吊耳等几部分组成。减震器制作步骤为首先绘制模型的轮廓线，然后制作保护套和连杆模型，接着制弹簧模型，再制作吊耳，最后合并吊耳和保护套模型。

操作工具

本例的操作工具主要用到【多重直线 / 线段】 、【圆：中心点、半径】 、【螺旋线 / 平坦螺旋线】 、【旋转成形 / 沿路径旋转】 、【圆管（圆头盖）】 、【曲面圆角】 、【放样】 、【组合】 、【立方体：角对角、高度】 、【修剪 / 取消修剪】 和【布尔运算联集】 等工具。

操作步骤

1. 绘制轮廓线

STEP 1 在 Front（前）视图中，使用【多重直线 / 线段】工具 和【控制点曲线 / 通过数个点的曲线】工具 绘制曲线，如图 6-168 和图 6-169 所示。

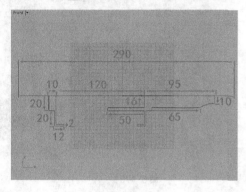

图 6-168　　　　　　　　　　　　　　　　　图 6-169

STEP 2 使用【多重直线 / 线段】工具 和【圆：中心点、半径】工具 绘制曲线，如图 6-170 和图 6-171 所示。

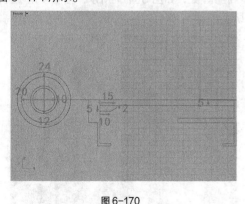

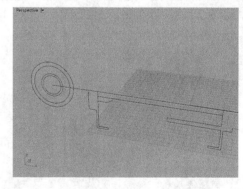

图 6-170　　　　　　　　　　　　　　　　　图 6-171

STEP 3 展开【控制点曲线 / 通过数个点的曲线】工具 下的子面板，然后鼠标左键单击【螺旋线 / 平坦螺旋线】按钮 ，接着绘制长度为 114，再设置【圈数】为 8、【第一半径和起点】为 30、【第二半径】为 30，最后鼠标左键单击确定【第一半径和起点】和【第二半径】，如图 6-172 所示。

STEP 4 使用【曲线圆角】工具 对曲线的拐角处进行光滑处理，如图 6-173 所示。

STEP 5 创建一个名为"轮廓线"的图层，然后将曲线添加到该层中，如图 6-174 所示。

2. 生成曲面

STEP 1 使用【旋转成形 / 沿路径旋转】工具 生成曲面，如图 6-175 所示。

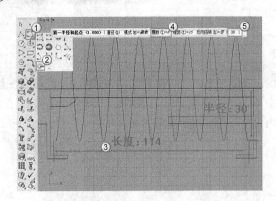

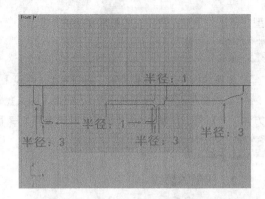

图 6-172　　　　　　　　　　　　　　　　　图 6-173

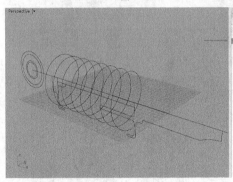

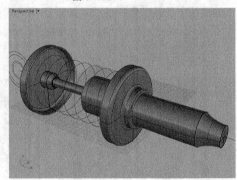

图 6-174　　　　　　　　　　　　　　　　　图 6-175

STEP 2 使用【圆管（圆头盖）】工具，然后设置【加盖】为【无】，使螺旋线生成弹簧模型，如图 6-176 所示。

STEP 3 选择圆形曲线，然后在 Y 轴上拖曳到 −15 处，如图 6-177 所示，接着使用【镜像 /三点镜像】工具，复制出另一组圆形，如图 6-178 所示。

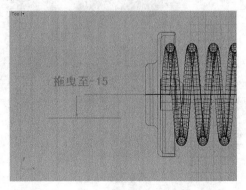

图 6-176　　　　　　　　　　　　　　　　　图 6-177

STEP 4 使用【放样】工具生成圆柱管，如图 6-179 所示，然后使用【曲面圆角】工具，生成【半径】为 0.5 的圆角，接着使用【组合】工具将曲面组合，如图 6-180 所示。

STEP 5 使用同样的方法制作另外两个圆柱管，圆角的半径分别为 2 和 1，如图 6-181 所示。

STEP 6 复制圆柱管模型，然后移动到减震器的另一端，如图 6-182 和图 6-183 所示。

STEP 7 使用【立方体：角对角、高度】工具绘制一个立方体，如图 6-184 所示，然后使用【曲面圆角】工具和【修剪 / 取消修剪】工具对立方体的 4 条棱边进行光滑和修剪处理，如

图 6-185 和图 6-186 所示。

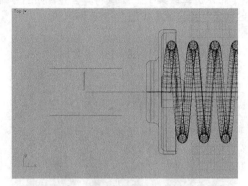

图 6-178

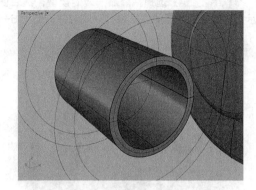

图 6-179

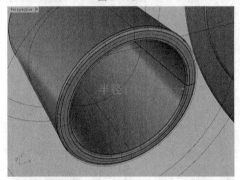

图 6-180

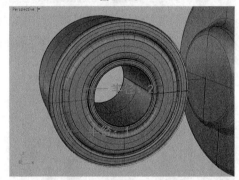

图 6-181

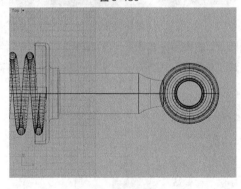

图 6-182

图 6-183

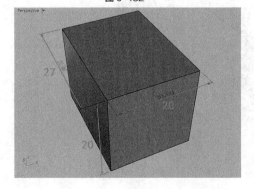

图 6-184

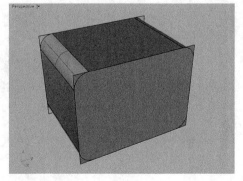

图 6-185

STEP 选择减震器一端的模型，然后使用【布尔运算联集】工具 将其合并，如图 6-187 所示，接着使用同样的方法将另一端合并，如图 6-188 所示，最终效果如图 6-189 所示。

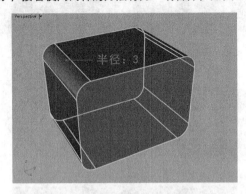

图 6-186

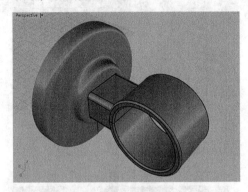

图 6-187

图 6-188

图 6-189

STEP 9 新建名为"弹簧""垫圈 1"和"垫圈 2"的图层，如图 6-190 所示。

STEP 10 选择减震器主体模型，然后添加到"减震器"图层中，如图 6-191 所示，接着将弹簧模型添加到"弹簧"图层中，如图 6-192 所示。

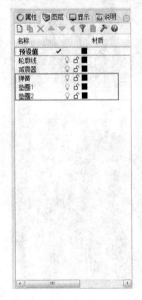

图 6-190

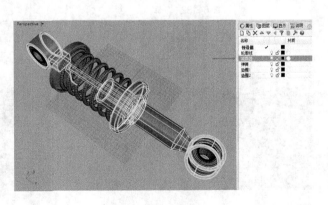

图 6-191

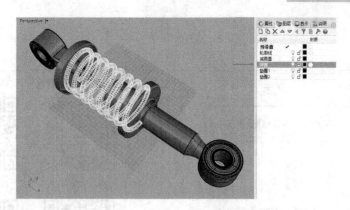

图 6-192

STEP 11 将两端中间的圆柱管模型和弹簧里的圆柱管模型添加到"垫圈 1"图层中，如图 6-193 所示，然后将两端最里面的圆柱管模型添加到"垫圈 2"图层中，如图 6-194 所示。

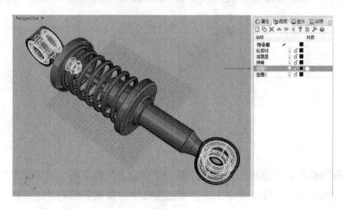

图 6-193

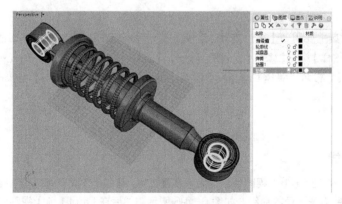

图 6-194

实例总结

本实例介绍了减震器的制作方法。减震器是由多个部件组成，在制作的初期需要把握准确各部件的比例，因此本例开头列出了详细的参数信息，以方便用户参考。

6.6 军刀

场景位置	无	扫码观看视频 77A	77B
实例位置	实例文件 >CH06>6.6.3dm		
学习目标	掌握如何制作军刀	77C	77D

操作思路

　　军刀是一种具有特殊用途的道具，常常用在野外作业，主要由刀身、护手和刀柄 3 部分组成。首先绘制军刀的轮廓线，然后通过曲线生成曲面，接着使用布尔工具来制作刀身上的细节，最后制作刀柄和护手。

操作工具

　　本例的操作工具主要用到【多重直线 / 线段】⚊、【曲线圆角】⤵、【以平面曲线建立曲面】◎、【双轨扫掠】⬢、【放样】⬡、【修剪 / 取消修剪】⬚、【直线阵列】⬝、【球体：中心点、半径】◉、【镜像 / 三点镜像】⬣、【布尔运算差集】◈、【群组】◐、【挤出曲面】◼ 和【旋转成形 / 沿路径旋转】等工具。

操作步骤

1. 绘制轮廓线

　　STEP 1 在 Top（上）视图中，使用【多重直线 / 线段】工具⚊和【控制点曲线 / 通过数个点的曲线】工具⬚绘制刀身正面的曲线，如图 6-195 所示，然后在 Front（前）视图中，调整刀身正面的曲线，如图 6-196 所示，效果如图 6-197 所示。

　　STEP 2 在 Top（上）视图中，使用【多重直线 / 线段】工具⚊和【控制点曲线 / 通过数个点的曲线】工具⬚绘制刀身反面的曲线，如图 6-198 所示，然后在 Front（前）视图中，调整刀身反面的曲线，如图 6-199 所示，效果如图 6-200 所示。

　　STEP 3 调整刀刃尾部的形状，如图 6-201 和图 6-202 所示。

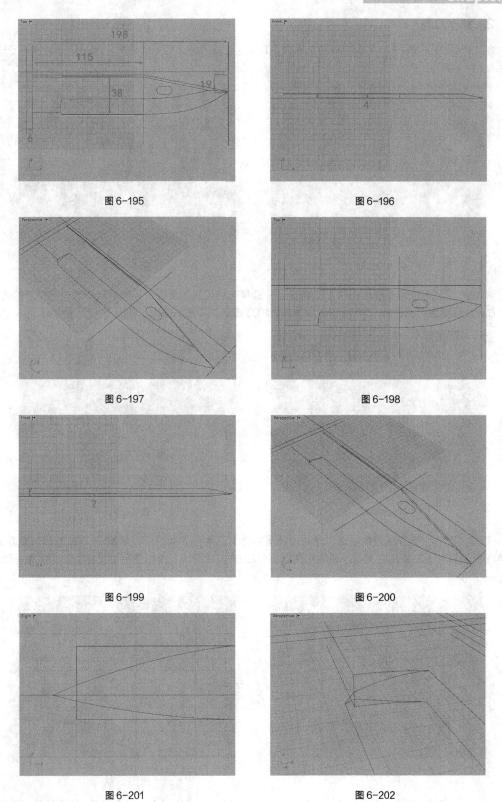

图 6-195

图 6-196

图 6-197

图 6-198

图 6-199

图 6-200

图 6-201

图 6-202

STEP 14 使用【多重直线 / 线段】工具，将刀身尾部的曲线连接上，如图 6-203 所示。

2. 制作刀身

STEP 01 使用【以平面曲线建立曲面】工具 ◎ 生成刀身上的平面曲面，如图 6-204 和图 6-205 所示。

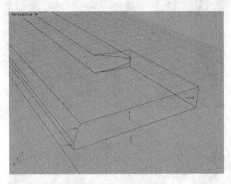

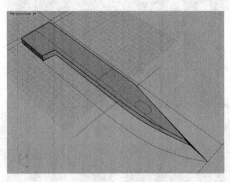

图 6-203   图 6-204

STEP 02 使用【双轨扫掠】工具 ◎ ，先选择一组相对的曲线，再然后选择另一组相对的曲线，接着右击生成曲面，如图 6-206 所示，使用同样的方法制作其他的曲面，如图 6-207 所示。

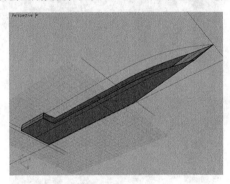

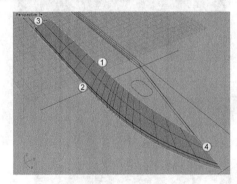

图 6-205   图 6-206

STEP 03 选择生成的曲面，然后使用【组合】工具 ◈ 将其组合，如图 6-208 所示，接着使用【修剪/取消修剪】工具 ◢ 在刀身上修剪出圆孔，如图 6-209 所示，最后使用【放样】工具 ◿ 填补圆孔，如图 6-210 所示。

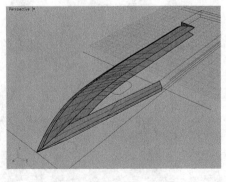

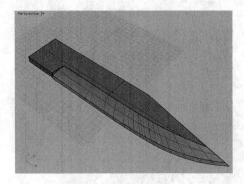

图 6-207   图 6-208

STEP 04 绘制一个椭圆曲线，如图 6-211 所示，然后使用【放样】工具 ◿ 、【以平面曲线建立曲面】工具 ◎ 和【组合】工具 ◈ 生成并组合曲面，如图 6-212 所示。

STEP 15 选择曲面，调整其位置和角度，然后展开【矩形阵列】工具▦下的子面板，单击【直线阵列】按钮，设置【阵列数】为 8，然后两次单击确定阵列的间距完成复制，如图 6-213 所示。

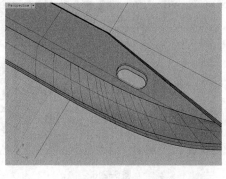

图 6-209

图 6-210

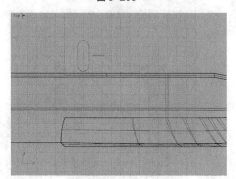

图 6-211

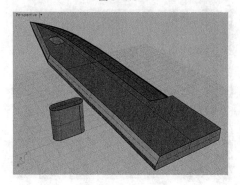

图 6-212

STEP 16 使用【球体：中心点、半径】工具◉绘制一个半径为 5 的球体，然后使用【多重直线 / 线段】工具／，在球体中间绘制一条直线，如图 6-214 和图 6-215 所示。

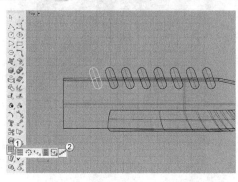

图 6-213

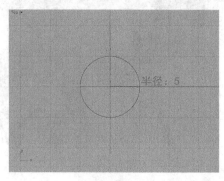

图 6-214

STEP 17 使用【修剪 / 取消修剪】工具✂，沿直线修剪球体，如图 6-216 所示，然后使用【镜像 / 三点镜像】工具⚏复制出一个球体，接着调整球体的位置，如图 6-217 所示。

STEP 18 使用【放样】工具连接球体，然后使用【群组】工具将新建的模型组合，如图 6-218 所示，接着使用【布尔运算差集】工具，在刀身上生成细节部分，如图 6-219 所示。

3. 制作刀柄

STEP 1 使用【控制点曲线 / 通过数个点的曲线】工具绘制曲线，然后使用【圆：中心点、半径】工具⊘绘制一个半径为 18 的圆，如图 6-220 所示。

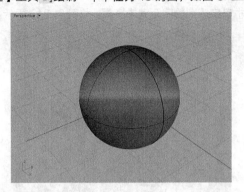

图 6-215

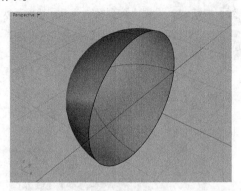

图 6-216

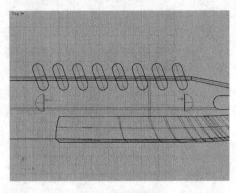

图 6-217

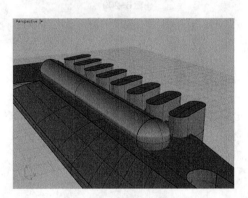

图 6-218

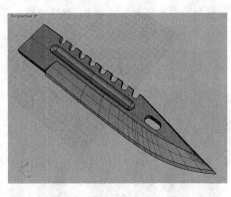

图 6-219

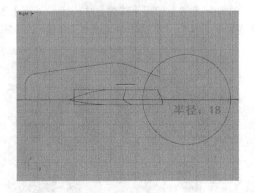

图 6-220

STEP 02 使用【镜像 / 三点镜像】工具⁂复制曲线，如图 6-221 所示，然后使用【修剪 / 取消修剪】工具✂修剪曲线和圆形，接着使用【组合】工具⬡将其组合，如图 6-222 所示。

STEP 03 使用【曲线圆角】工具⌐，设置【半径】为 5 对曲线进行光滑，如图 6-223 所示，然后使用【圆：中心点、半径】工具⊘，绘制【半径】为 5 和【半径】为 10 的圆，如图 6-224 所示。

STEP 04 使用【以平面曲线建立曲面】工具◯生成曲面，如图 6-225 所示，然后使用【修剪 / 取消修剪】工具✂，在曲面上修剪处圆孔，如图 6-226 所示。

STEP 05 调整曲面的位置，如图 6-227 所示，然后使用【挤出曲面】工具▤，设置【挤出长度】为 -6，接着右键单击完成操作，最后删除原始曲面，如图 6-228 所示。

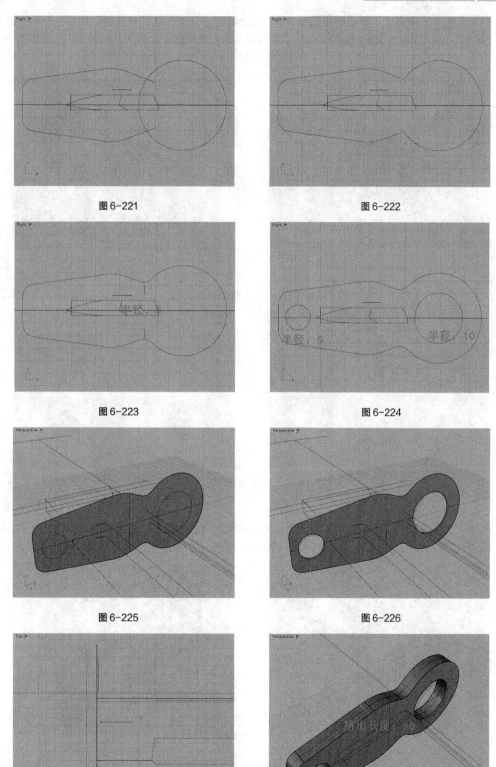

图 6-221

图 6-222

图 6-223

图 6-224

图 6-225

图 6-226

图 6-227

图 6-228

STEP ⬆️06　使用【不等距边缘圆角 / 不等距边缘混接】工具📦，然后在【命令行】中设置【下一个半径】为0.5，接着选择模型边缘，最后右键两次单击完成操作，如图6-229所示，效果如图6-230所示。

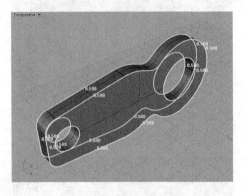

图 6-229

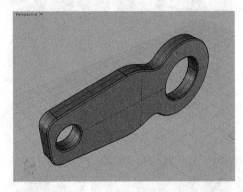

图 6-230

STEP ⬆️07　使用【多重直线 / 线段】工具⋀，绘制一条曲线，如图6-231和图6-232所示。

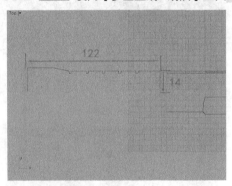

图 6-231

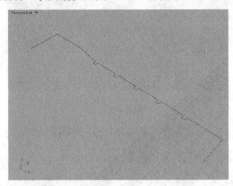

图 6-232

STEP ⬆️08　使用【曲线圆角】工具⬎，对曲线的拐角处进行光滑处理，如图6-233所示，然后使用【旋转成形 / 沿路径旋转】工具🔑生成刀柄模型，如图6-234所示，最终效果如图6-235所示。

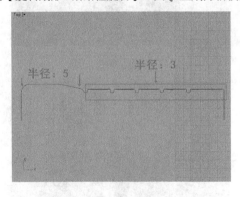

图 6-233

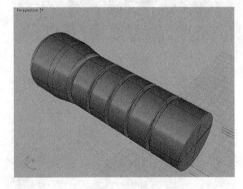

图 6-234

STEP ⬆️09　新建名为"轮廓线""刀身""刀柄"和"护手"的图层，如图6-236所示。

STEP ⬆️10　选择所有曲线，然后添加到"轮廓线"图层，如图6-237所示，接着将刀身模型添加到"刀身"图层中，如图6-238所示。

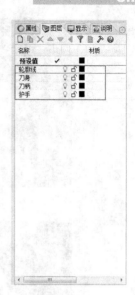

图 6-235　　　　　　　　　　　　　　　　图 6-236

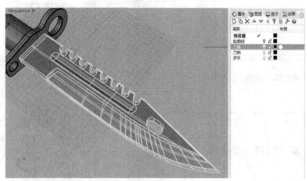

图 6-237

图 6-238

STEP 11　将刀柄模型添加到"刀柄"图层中，如图 6-239 所示，然后将护手模型添加到"护手"图层中，如图 6-240 所示。

实例总结

本实例介绍了军刀的制作方法。军刀包含了很多细节。军刀是强化建模技术的经典案例，本例中的难点在于绘制轮廓线上，由于军刀的造型较为复杂，所以需要花大量时间和精力来处理曲线。

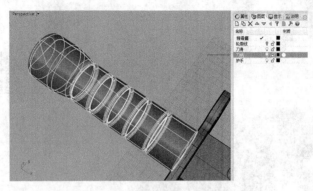

图 6-239

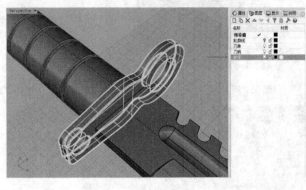

图 6-240

6.7 洗衣液瓶

场景位置	无
实例位置	实例文件 >CH06>6.7.3dm
学习目标	掌握如何制作洗衣液瓶

扫码观看视频 78A　　78B

78C　　78D

操作思路

洗衣液是常见的生活用品，而洗衣液瓶不仅仅是一个容器，还需要满足用户的使用习惯，符合人体工学。首先绘制出洗衣液瓶的轮廓线，然后生成瓶身曲面，接着制作出瓶身上的细节，最后制作出瓶盖的模型。

操作工具

本例的操作工具主要用到【多重直线/线段】、【镜像/三点镜像】、【圆弧：中心店、起点、角度】、【双轨扫掠】、【放样】、【混接曲面】、【抽离线框】、【修剪/取消修剪】、【曲线圆角】、【双轨扫掠】、【以平面曲线建立曲面】、【不等距偏移曲面】等工具。

制作步骤

1. 绘制轮廓线

STEP 1 切换到 Front（前）视图，然后使用【多重直线/线段】工具 绘制直线，如图 6-241 所示。

STEP 2 使用【控制点曲线/通过数个点的曲线】工具 一条曲线，然后使用【镜像/三点镜像】工具 复制出另一边的曲线，如图 6-242 所示。

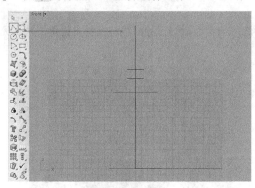

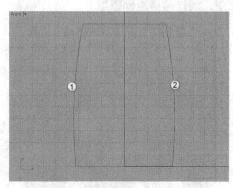

图 6-241　　　　　　　　　　　　　　　　　图 6-242

STEP 3 开启【端点】、【交点】、【正交】和【智慧轨迹】功能，然后使用【多重直线/线段】工具 绘制直线，如图 6-243 所示。

STEP 4 展开【圆弧：中心店、起点、角度】下的子面板，然后单击【圆弧：起点、终点、起点的方向/圆弧：起点、起点的方向、终点】按钮，捕捉壶盖辅助直线的两个端点绘制弧形曲线，如图 6-244 所示。

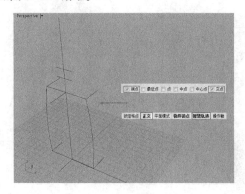

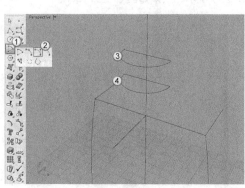

图 6-243　　　　　　　　　　　　　　　　　图 6-244

STEP 5 切换到 Top(上) 视图，然后使用【控制点曲线 / 通过数个点的曲线】工具绘制曲线，如图 6-245 和图 6-246 所示。

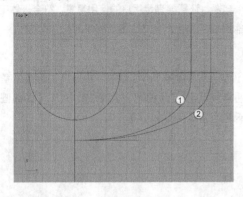

图 6-245　　　　　　　　　　　　　　　　　　图 6-246

STEP 6 使用【镜像 / 三点镜像】工具复制出另一侧的曲线，然后使用【组合】工具两两组合，如图 6-247 所示。

2. 制作瓶身基础模型

STEP 1 使用【双轨扫掠】工具，然后选择依次选择相对的曲线，接着右键单击两次完成操作，如图 6-248 所示，效果如图 6-249 所示。

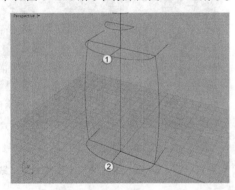
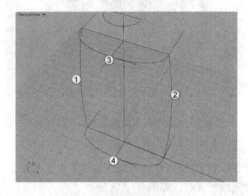

图 6-247　　　　　　　　　　　　　　　　　　图 6-248

STEP 2 使用【放样】工具，然后选择顶部的两条曲线，接着单击右键两次完成操作，如图 6-250 所示，效果如图 6-251 所示。

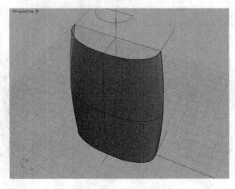
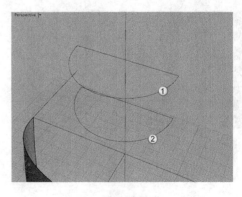

图 6-249　　　　　　　　　　　　　　　　　　图 6-250

STEP 03 使用【混接曲面】工具 🗇，然后选择两条曲线并右击确认，接着在【调整曲面混接】对话框中选择【曲率】选项，再在 Front（前）视图中调整混接曲面的形状，最后单击【确定】按钮 `确定` 完成操作，如图 6-252 所示，效果如图 6-253 所示。

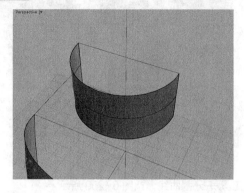

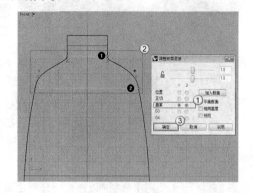

图 6-251   图 6-252

STEP 04 展开【打开点 / 关闭点】工具 🖐 下的子面板，然后单击【插入节点】按钮 ✐，接着选择曲面，再在【命令行】中设置【方向】为 U，并在曲面上捕捉到一个端点单击确认，最后右键单击完成操作，如图 6-254 所示，效果如图 6-255 所示。

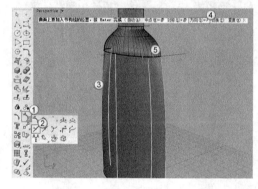

图 6-253   图 6-254

STEP 05 选择曲面，然后使用【抽离线框】工具 📦，如图 6-256 所示，然后删除多余的曲线，如图 6-257 所示。

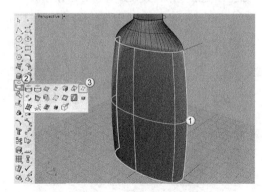

图 6-255   图 6-256

STEP 06 使用【修剪 / 取消修剪】工具 🔪 修剪曲面，如图 6 所示，然后使用【分割 / 以结构线分割曲面】工具 ⚄ 分割曲线，如图 6-258 所示。

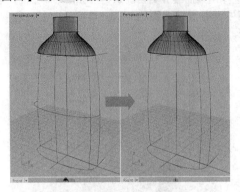

图 6-257

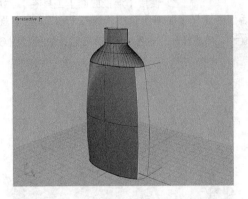

图 6-258

STEP ⟨7⟩ 使用【分割 / 以结构线分割曲面】工具 ⚄ 分割曲线，如图 6-259 所示。

STEP ⟨8⟩ 选择曲线，然后展开【曲线圆角】工具 ⚄ 下的子面板，接着鼠标左键单击【重建曲线 / 以主曲线重建曲线】按钮 ⚄，再在打开的【重建】对话框中设置【点数】为 14，最后单击【确定】按钮 ⚄ 确定 ⚄ 完成操作，如图 6-260 所示。

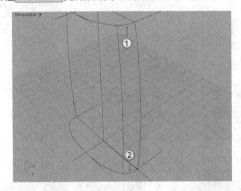

图 6-259

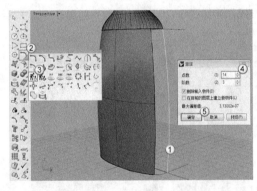

图 6-260

STEP ⟨9⟩ 选择曲线，然后调整形状，使其呈波浪状，如图 6-261 所示。

STEP ⟨10⟩ 使用【双轨扫掠】工具 ⚄，然后依次选择相对的曲线，接着单击鼠标右键完成操作，如图 6-262 所示，效果如图 6-263 所示。

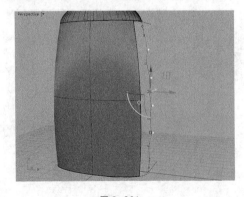

图 6-261

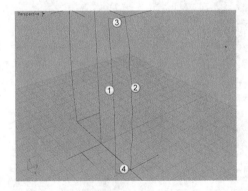

图 6-262

STEP ⟨11⟩ 使用【以平面曲线建立曲面】工具 ⚄ 生成底部的曲面，如图 6-264 所示。

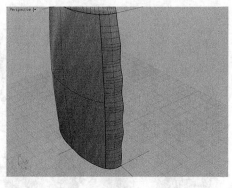

图 6-263

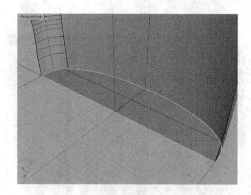

图 6-264

3. 制作凹陷部分

STEP 1 使用【控制点曲线/通过数个点的曲线】工具 ⤵ 和【偏移曲线】工具 ⤵ 绘制曲线，如图 6-265 和图 6-266 所示。

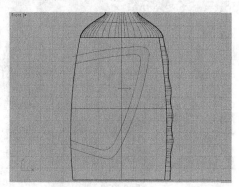

图 6-265

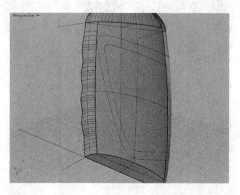

图 6-266

STEP 2 选择曲线，然后使用【分割/以结构线分割曲面】工具 ⤵ 对曲面进行分割，如图 6-267 和图 6-268 所示。

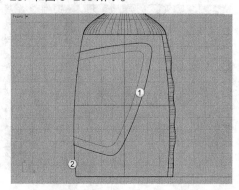

图 6-267

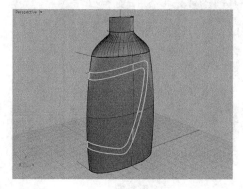

图 6-268

STEP 3 选择曲面，然后展开【曲面圆角】工具 ⤵ 下的子面板，接着鼠标左键单击【不等距偏移曲面】按钮 ⤵ ，再在【命令行】中设置【公差】为 0.1、【设置全部】为 2 并单击【反转】参数，最后鼠标右键完成操作，如图 6-269 所示，效果如图 6-270 所示。

STEP 4 删除前面的曲面，然后使用【修剪/取消修剪】工具 ⤴ 修剪后面的曲面，如图 6-271

所示。

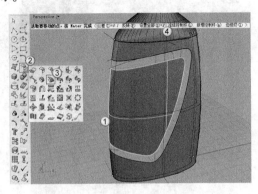

图 6-269

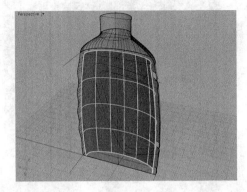

图 6-270

STEP ５ 使用【圆弧：起点、终点、起点的方向 / 圆弧：起点、起点的方向、终点】工具
绘制曲线，使曲线连接曲面的端点，如图 6-272 所示。

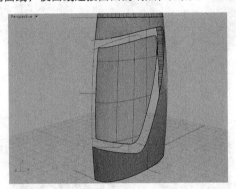

图 6-271

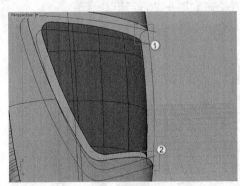

图 6-272

STEP ６ 使用【双轨扫掠】工具，然后依次选择相对的边，然后单击鼠标左键两次完成操
作，如图 6-273 所示，效果如图 6-274 所示。

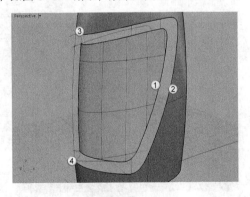

图 6-273

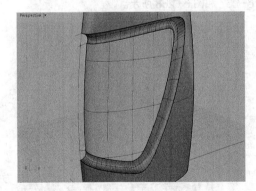

图 6-274

STEP ７ 使用【分析方向 / 反转方向】工具反转曲面的方向，如图 6-275 所示。

4. 制作装饰线和壶底

STEP １ 使用【曲面圆角】按钮，设置【半径】为 1，对曲面进行光滑处理，如图 6-276
所示。

图 6-275

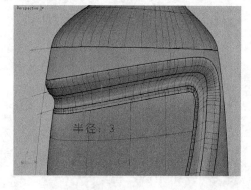

图 6-276

STEP 选择所有曲面，然后使用【组合】工具进行组合，接着使用【不等距边缘圆角 / 不等距边缘混接】工具，设置【下一个半径】为 3，对底部进行光滑处理，如图 6-277 所示。

STEP 使用【镜像 / 三点镜像】工具复制出瓶身的另一半，如图 6-278 所示。

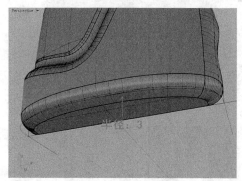

图 6-277

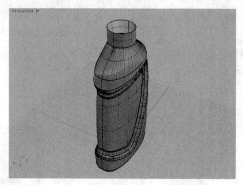

图 6-278

5. 制作瓶盖

STEP 在 Front（前）视图中，使用【多重直线 / 线段】工具绘制曲线，然后使用【曲线圆角】工具，设置【半径】为 2，对曲线进行光滑处理，如图 6-279 所示。

STEP 使用【旋转成形 / 沿路径旋转】工具生成瓶盖，如图 6-280 所示。

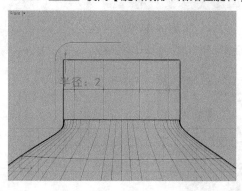

图 6-279

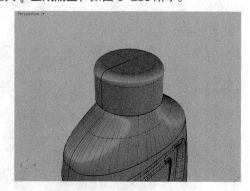

图 6-280

STEP 使用【偏移曲面】工具生成瓶盖的厚度，如图 6-281 所示，最终效果如图 6-282 所示。

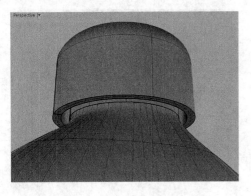

图 6-281

图 6-282

STEP 04 新建名分别为"轮廓线""瓶盖"和"瓶身"的图层，如图 6-283 所示。

STEP 05 将所有曲线添加到"轮廓线"图层中，如图 6-284 所示，然后将瓶盖模型添加"瓶盖"图层中，如图 6-285 所示，接着将瓶身模型添加到"瓶身"图层中，如图 6-286 所示。

图 6-283

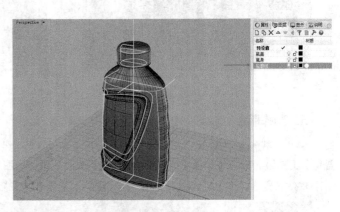

图 6-284

图 6-285

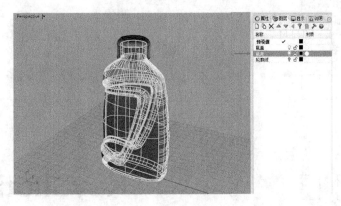

图 6-286

实例总结

本实例介绍了洗衣液瓶的制作方法。洗衣液瓶整体难度不算太大，但是在制作瓶身的细节时，需要结合大量命令和操作技巧才能完成，因此需要读者熟练掌握工具的使用。

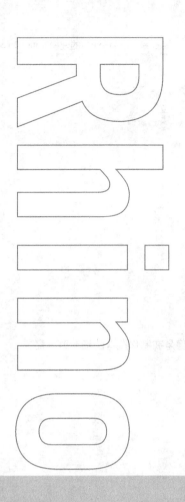

Chapter

7

第7章
KeyShot渲染技术

KeyShot是一款实时的光线追踪与全域光渲染软件，它无需复杂的设定即可产生相片般真实的3D渲染影像。该软件学习容易、操作简单、观察方便、支持大量的三维建模平台，是产品展示的首选方案。本章介绍了KeyShot的界面、视图的操作方法、材质的赋予与编辑、渲染设置和图像输出等内容。通过对本章的学习，可以使读者快速掌握KeyShot软件的使用和操作，以输出高质量的产品展示图。

本章学习要点

- 掌握视图操作
- 掌握材质赋予和编辑方法
- 掌握渲染的设置
- 掌握图像的输出

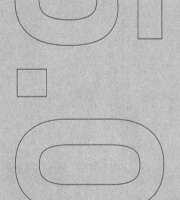

7.1 认识界面结构

场景位置	无
实例位置	无
学习目标	熟悉界面的布局

扫码观看视频 79

操作步骤

STEP **01** 双击快捷图标，KeyShot 5.3 的启动画面如图 7-1 所示，界面如图 7-2 所示。

图 7-1

图 7-2

STEP **02** 启动 KeyShot 5.3 时，会显示【欢迎使用 KeyShot 5】窗口，在该窗口下可以导入模型和打开场景，也可以快速打开最近使用的文件，如图 7-3 所示。如果不希望启动时显示该窗口，可取消左下角的【在启动时显示】选项，如图 7-4 所示。

图 7-3

图 7-4

STEP **03** KeyShot 5.3 的工作界面分为【标题栏】【菜单栏】【功能区】【库面板】【工作视图】和

【工具栏】，如图 7-5 所示。

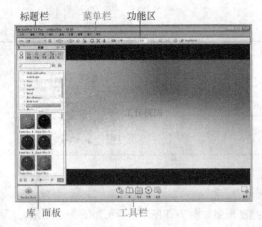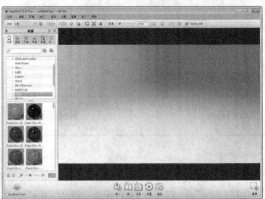

图 7-5

工具箱各种工具介绍

- 标题栏：显示软件版本和文件名称。
- 菜单栏：集合了 KeyShot 所有的命令。
- 功能区：集合了 KeyShot 中的常用工具。
- 库面板：包括【材质】【颜色】【环境】【背景】【纹理】和【收藏夹】标签。
- 工作视图：作业的主要活动区域。
- 工具栏：可快速打开操作对话框和面板，包括【导入】【库】【项目】【动画】和【渲染】5 个按钮。

7.2 视图的操作

场景位置	无	扫码观看视频 80
实例位置	无	
学习目标	掌握视图的操作方法	

操作命令

本例的操作命令是按住鼠标左键并拖曳（旋转）、按住鼠标中键并拖曳（平移）、Alt+ 鼠标右键并拖曳（缩放）对视图进行操作，视图界面如图 7-6 所示。

操作步骤

STEP 1 启动 KeyShot 后，在【欢迎使用 KeyShot 5】窗口中选择 camera_benchmark.bip 文件，如图 7-7 所示。

STEP 2 在【工作视图】中出现一个照相机模型，如图 7-8 所示。

STEP 3 按住鼠标左键并拖曳，视图跟随光标旋转，如图 7-9 所示。

图 7-6   图 7-7

图 7-8   图 7-9

 STEP 04 滑动鼠标中键，视图随即缩放，如图 7-10 所示。

技巧与提示

按住 Shift+ 鼠标右键并拖曳，也可以缩放视图。

STEP 05 按住中键并拖曳，视图跟随光标平移，如图 7-11 所示。

图 7-10   图 7-11

实例总结

本实例通过对视图进行一系列操作，讲解了对象在 KeyShot 中的三维空间关系以及视图的操作方法。在渲染三维模型时，整个过程都是在视图中完成的，熟练地操作视图将大大提高模型的制作效率。

7.3 赋予材质

场景位置	无	扫码观看视频 81
实例位置	无	
学习目标	掌握材质的赋予方法	

操作命令

本例的操作命令是【库】面板中的材质、颜色、环境、背景和纹理选项，如图 7-12 所示。

操作步骤

STEP 01 启动 KeyShot 后，在【欢迎使用 KeyShot 5】窗口中选择 camera_benchmark.bip 文件，如图 7-13 所示。

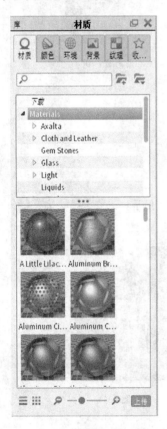

图 7-12

图 7-13

STEP 02 在【库面板】的【材质】标签中，集合了大量的材质，如图 7-14 所示。

STEP  在【材质】标签下，选择 Materials（材质）>Stone（石头）>Granite（花岗岩）> Marble（大理石），然后选择 Marble Dark Brown（大理石黑褐色）并拖曳到相机的机身上，接着松开鼠标，材质就被赋予给机身模型，如图 7-15 所示。

STEP  在【颜色】标签下，选择 Colors（材质）>Earthy（土质的），然后选择 Pumpkin Orange（南瓜橙）并拖曳到相机的机身上，接着松开鼠标，颜色就被赋予给机身模型，如图 7-16 所示。

图 7-14

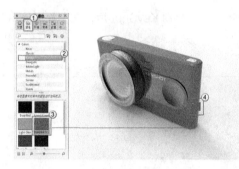

图 7-15

图 7-16

STEP  在【颜色】标签下，选择 hdri-locations_forestroad_2_24mm.jpg 并拖曳背景空白处，接着松开鼠标，图片文件就被赋予给背景了，如图 7-17 所示，效果如图 7-18 所示。

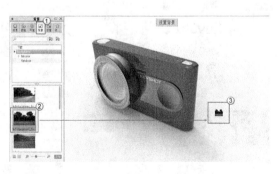

图 7-17

图 7-18

实例总结

本实例是通过对模型赋予材质，来掌握在 KeyShot 中，对场景进行材质、颜色、背景和环境的操作方法。KeyShot 之所以受到广大渲染爱好者的喜爱，就是因为其简单的操作方式。

7.4 编辑材质

场景位置	无
实例位置	无
学习目标	掌握材质的编辑方法

扫码观看视频 82A　　　82B

操作命令

本例用到的操作命令是【项目】面板中的场景、材质、环境、背景、相机的选项和参数，如图 7-19 所示。

操作步骤

STEP 启动 KeyShot 后，在【欢迎使用 KeyShot 5】窗口中选择 cautics.bip 文件，如图 7-20 所示。

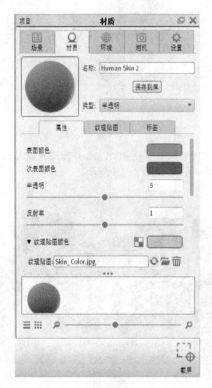

图 7-19

图 7-20

STEP 执行【窗口】>【项目】>【材质】菜单命令，如图 7-21 所示。界面中会打开【项目面板】，如图 7-22 所示。

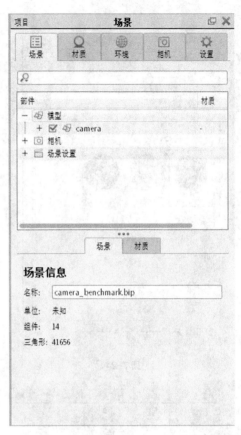

图 7-22

图 7-21

在【工具栏】中单击【项目】 📄 按钮，可快速打开【项目面板】，如图 7-23 所示。

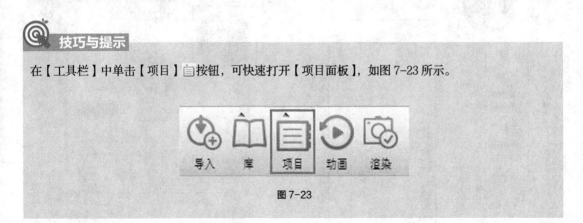

图 7-23

STEP 03 在【项目面板】中，切换到【材质】标签，然后双击 cognac air（白兰地）材质球，如图 7-24 所示，面板进入 cognac air（白兰地）材质的详细界面，如图 7-25 所示。

STEP 04 在【类型】下拉菜单中，可以选择材质的类型，如图 7-26 所示。

STEP 05 单击参数后面的色块，打开【选择颜色】对话框，如图 7-27 和图 7-28 所示，在该对话框中可以设置颜色。

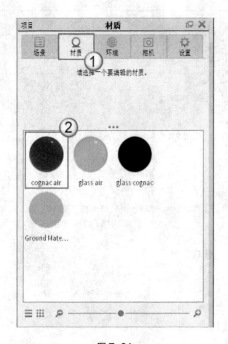

图 7-24

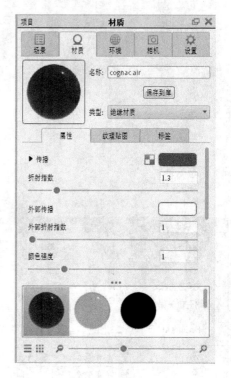

图 7-25

图 7-26

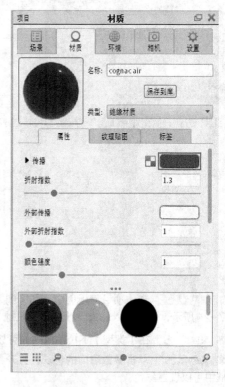

图 7-27

STEP 单击参数后面的■按钮，打开【打开纹理贴图】对话框，如图 7-29 和图 7-30 所示，可以为相关参数指定纹理贴图。

图 7-28

图 7-29

图 7-30

 **技巧与提示**

在【纹理贴图】标签下，勾选要加载的选项，也会打开【打开纹理贴图】对话框，如图 7-31 所示。

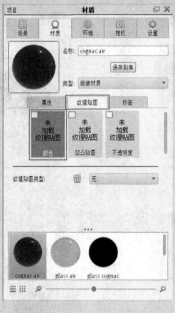

图 7-31

STEP **7** 指定纹理贴图后，【纹理贴图】标签下的相应项目会呈勾选状，如图 7-32 所示。

STEP **8** 设置材质【名称】为 aa，然后鼠标右键单击【保存到库】按钮 [保存到库]，如图 7-33

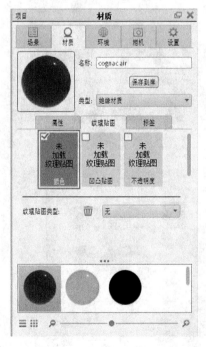

图 7-32

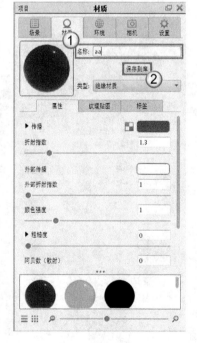

图 7-33

所示，在打开的 KeyShot 5 对话框中选择 Materials，接着选择【确定】按钮 确定 ，如图 7-34 所示，最后在【库面板】中选择 Materials，可以看到自定义的材质，如图 7-35 所示。

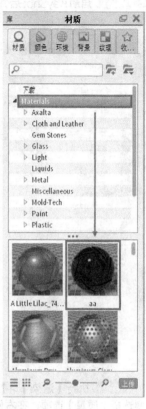

图 7-34　　　　　　　　　　　　　　　　　　　　　　　图 7-35

实例总结

　　本实例是通过调整场景中的材质，来掌握我材质的编辑方法。KeyShot 中自带了大量的材质、背景和环境，但是也可以根据用户自身需求，自定义材质、背景和环境。

7.5　渲染设置

场景位置	无	扫码观看视频 83A	83B
实例位置	无		
学习目标	掌握渲染的设置方法		

操作命令

　　本例的操作命令是【渲染选项】对话框中【质量】选项中的参数，如图 7-36 所示。

操作步骤

STEP 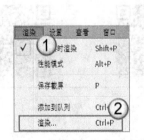 1 启动 KeyShot 后,在【欢迎使用 KeyShot 5】窗口中选择 cautics.bip 文件,如图 7-37
所示。

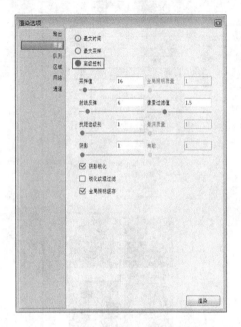

图 7-36

图 7-37

STEP 2 执行【渲染】>【渲染】菜单命令,如图 7-38 所示,可打开【渲染选项】对话框,
然后在左侧选择【质量】选项,在右侧选择【高级控制】选项,可设置渲染质量的详细参数,如图 7-39
所示。

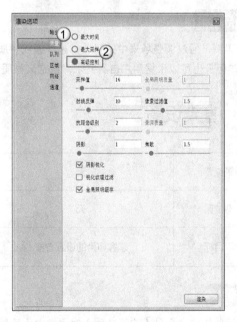

图 7-38

图 7-39

技巧与提示

在【工具栏】中单击【渲染】按钮，也可以打开【渲染选项】对话框，如图 7-40 所示。

图 7-40

STEP 参数过低会出现不透明、噪点、锯齿等问题，如图 7-41 所示。通过优化参数，可得到一个接近现实的效果，如图 7-42 所示。

图 7-41

图 7-42

实例总结

本实例是通过设置场景中的渲染参数，来掌握 KeyShot 的渲染设置技巧。KeyShot 中渲染的参数的设置，可全局控制渲染效果。

7.6 图像输出

场景位置	无	扫码观看视频 84
实例位置	无	
学习目标	掌握图像的输出方法	

操作命令

本例的操作命令是【渲染选项】对话框中【输出】选项中的参数，如图 7-43 所示。

操作步骤

STEP 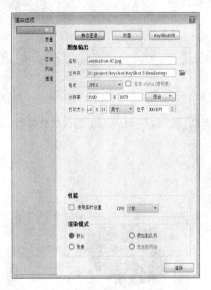 启动 KeyShot 后，在【欢迎使用 KeyShot 5】窗口中选择 cautics.bip 文件，如图 7-44 所示。

图 7-43

图 7-44

STEP 执行【渲染】>【渲染】菜单命令，打开【渲染选项】对话框，然后设置【图像输出】中的参数，接着单击【渲染】按钮 渲染 ，如图 7-45 所示。在打开的对话框中，可以看到渲染的过程，如图 7-46 所示。当渲染完成后，左上角会显示 ✔ 图标，同时右下角会显示进程为 100%，如图 7-47 所示。

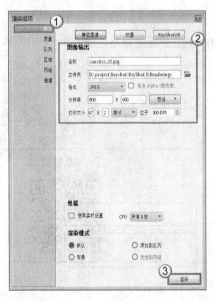

图 7-45

图 7-46

STEP 在 KeyShot 指定的目录下可以看到渲染后的图片，效果如图 7-48 所示。

图 7-47

图 7-48

实例总结

　　本实例是通过图像的输出，来掌握 KeyShot 中图像输出的设置方法。KeyShot 可以输出为多种格式的文件，可以是静帧作品，也可以是动画作品。

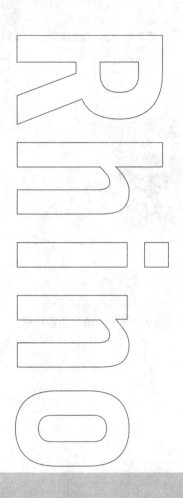

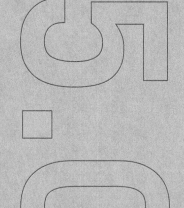

Chapter

8

第8章
工业设计实训

工业设计是以工学、美学、经济学为基础并对工业产品进行设计，其涉及到造型设计、机械设计、动画设计和展示设计等。本章主要针对市场需要，精选了加湿器、概念时钟、MP3和豆浆机4个设计案例。案例内容由设计的思路到最后的渲染输出，全面地总结了工业设计的流程。通过对本章的学习，读者可以掌握工业设计中的各个环节，使读者可以根据产品理念，设计一些工业产品。

本章学习要点

- 掌握工业设计的完整流程
- 拓展设计思路
- 掌握工业设计中的技巧

8.1 加湿器设计

场景位置	无
实例位置	实例文件 >CH08>8.13dm、8.1.bip
学习目标	掌握加湿器设计流程

扫码观看视频 85A　　　　　85B

85C　　　　　85D

市场需求

　　加湿器是一种增加环境湿度的家用电器，其常用于夏季以增加空气的湿度，配合其他电器达到降温的目的。由于现在人们的生活水平提高，对日常保养的要求也就越来越高，并且市面上的家用加湿器种类繁多、价格便宜，使得加湿器的市场需求很大。

参考元素

　　在设计初期，需要参考不同的产品，这样才能取百家之所长，制作出出类拔萃的产品。本例参考了市场中功能完善、设计出众的商业产品（见图8-1）。这样在制作本例中的加湿器模型时，才能符合工业设计的要求。

图 8-1

设计思路

　　现代社会对产品的要求，趋向于简洁、实用、美观等特点，因此在设计加湿器时，首先要考虑到这几点。为了便于观察加湿器中的水量，这里将加湿器中间的水箱设计成透明的，启动加湿器只需要按顶部的按钮，不会涉及过于复杂的操作。

制作步骤

1. 绘制轮廓线

STEP 1　切换到 Top（上）视图，使用【控制点曲线/通过数个点的曲线】工具绘制两条曲线，如图8-2所示。

STEP 02 开启【节点】功能，然后展开【圆：中心点、半径】工具 下的子面板，接着鼠标左键单击【圆：直径】按钮，再鼠标左键两次单击绘制一个与曲线相交的圆形，最后使用同样的方法在底部绘制一个圆形，如图 8-3 所示。

STEP 03 使用【控制点曲线 / 通过数个点的曲线】工具 绘制两条曲线，如图 8-4 所示。

2. 制作机身侧面细节造型

STEP 01 使用【双轨扫掠】工具 ，然后依次选择相对的边，然后鼠标右键两次单击完成操作，如图 8-5 所示，效果如图 8-6 所示。

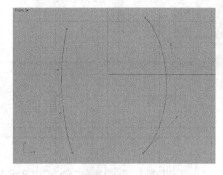

图 8-2

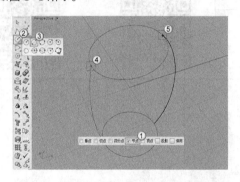

图 8-3

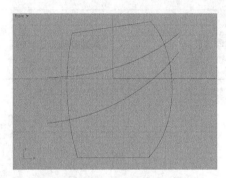

图 8-4

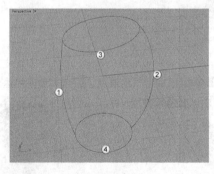

图 8-5

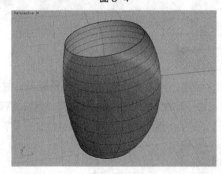

图 8-6

STEP 02 使用【修剪 / 取消修剪】工具 ，沿两条曲线修剪曲面，如图 8-7 和图 8-8 所示。

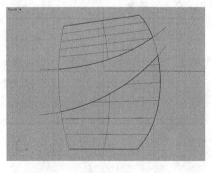

图 8-7

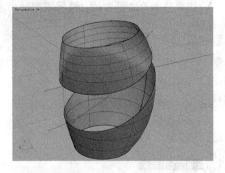

图 8-8

STEP 03 创建一个名为"轮廓线"的图层，然后将所有曲线添加到该图层中，如图 8-9 所示，接着隐藏图层。

STEP 4　使用【控制点曲线 / 通过数个点的曲线】工具，绘制一条与曲面相交的曲线，如图 8-10 所示。

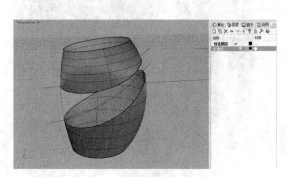

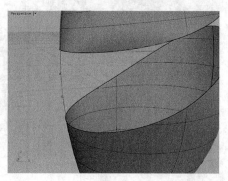

图 8-9　　　　　　　　　　　　　　　　图 8-10

STEP 5　选择曲线，然后展开【曲线圆角】工具下的子面板，接着鼠标左键单击【重建曲线 / 以主曲线重建曲线】按钮，再在打开的【重建】对话框中设置【点数】为 9，最后鼠标左键单击【确定】按钮　确定　完成操作，如图 8-11 所示。

STEP 6　调整曲线的形状，使其呈波浪状，如图 8-12 所示。

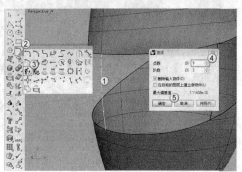

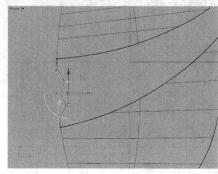

图 8-11　　　　　　　　　　　　　　　　图 8-12

STEP 7　展开【曲线圆角】工具下的子面板，然后鼠标左键单击【可调式混接曲线 / 混接曲线】按钮，接着选择曲面上的曲线，再选择【曲率】选项，最后鼠标左键单击【确定】按钮　确定　完成操作，如图 8-13 所示。

STEP 8　选择曲线，然后使用【重建曲线 / 以主曲线重建曲线】工具设置【点数】为 9，如图 8-14 所示。

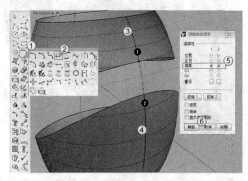

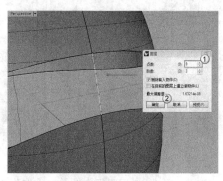

图 8-13　　　　　　　　　　　　　　　　图 8-14

STEP 9 使用【双轨扫掠】工具 ⌒，然后依次选择相对的曲线，接着鼠标右键两次单击完成操作，如图 8-15 所示，效果如图 8-16 所示。

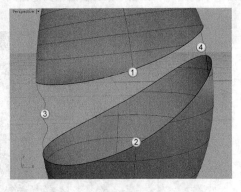

图 8-15

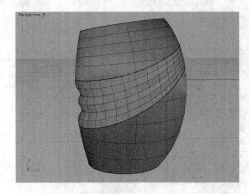

图 8-16

STEP 10 使用【镜像 / 三点镜像】工具 ⊯，复制出另一半曲面，如图 8-17 所示，然后使用【分析方向 / 反转方向】工具 ▦ 反转曲面的方向，如图 8-18 所示。

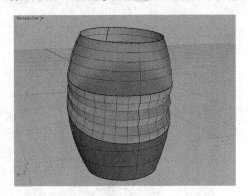

图 8-17

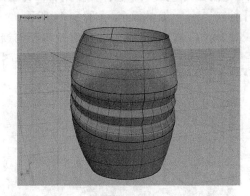

图 8-18

3. 制作顶部细节

STEP 1 使用【以平面曲线建立曲面】工具 ◎，在顶部生成曲面，如图 8-19 所示，然后使用【分析方向 / 反转方向】工具 ▦ 反转曲面的方向，如图 8-20 所示。

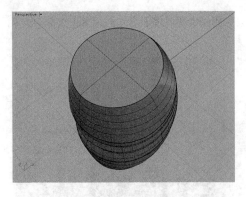

图 8-19

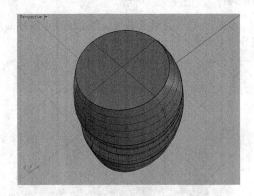

图 8-20

STEP 2 使用鼠标左键单击【偏移曲线】工具 ⌒，然后选择曲面边缘，接着在【命令行】中设置【距离】为 1，再设置方向朝内，最后单击完成操作，如图 8-21 所示，效果如图 8-22 所示。

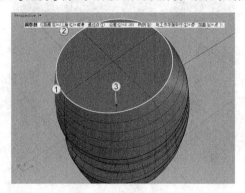

图 8-21

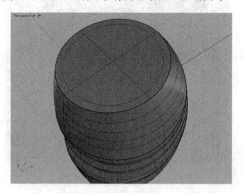

图 8-22

STEP 3 使用【修剪 / 取消修剪】工具 ，沿偏移的曲线修剪曲面，如图 8-23 所示。

STEP 4 展开【指定三或四个角建立曲面】工具 下的子面板，然后鼠标左键单击【直线挤出】按钮 ，接着选择曲面的边缘，如图 8-24 所示，再用鼠标左键单击【命令行】中的【方向】参数，两次单击确定挤出的方向，如图 8-25 所示，最后输入 1 挤出一个长度为 1 的曲面，如图 8-26 所示。

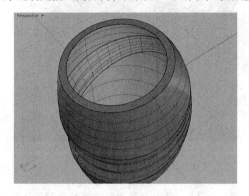

图 8-23

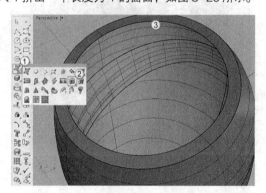

图 8-24

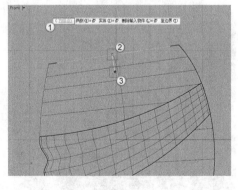

图 8-25

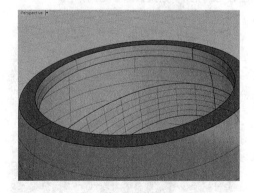

图 8-26

STEP 5 使用【分析方向 / 反转方向】工具 反转挤出的曲面，然后使用【以平面曲线建立曲面】工具 选择曲面的边缘，接着鼠标右键单击生成曲面，如图 8-27 所示。

STEP 6 使用步骤（2）的方法生成曲面，然后使用步骤（3）的方法修剪曲面，如图 8-28 所示，效果如图 8-29 所示。

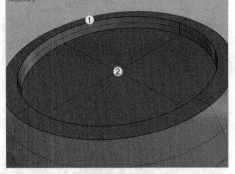

图 8-27

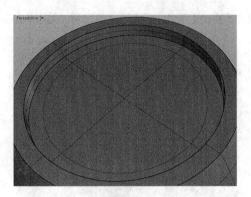

图 8-28

STEP 7 使用【直线挤出】工具，向上挤出长度为 1 的曲面，如图 8-30 所示，然后使用【以平面曲线建立曲面】工具 ◎ 生成曲面，如图 8-31 所示。

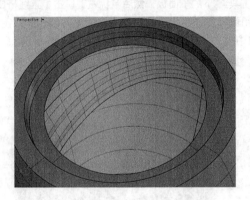

图 8-29

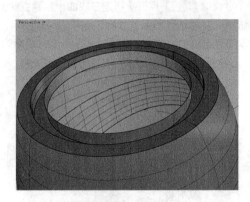

图 8-30

STEP 8 使用【偏移曲线】工具，设置【距离】为 3.5，然后方向朝内，接着单击确认操作，如图 8-32 所示，效果如图 8-33 所示。

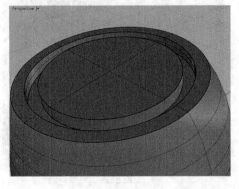

图 8-31

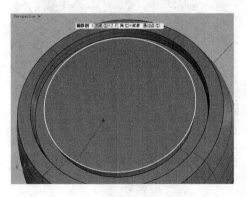

图 8-32

STEP 9 使用【分割 / 以结构线分割曲面】工具，沿偏移的曲线分割曲面，如图 8-34 所示。

STEP 10 创建一个名为"加湿器"的图层，然后除了顶部小圆曲面以外的所有曲面添加到图层中，如图 8-35 所示，接着隐藏图层。

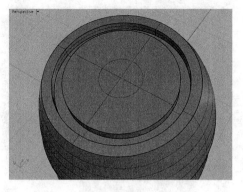

图 8-33

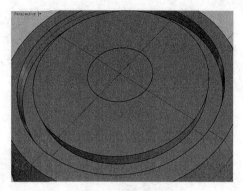

图 8-34

STEP 11 选择圆形曲面，然后按 F10 键打开控制点，可以看到曲面控制点仍然保持未分割前的属性，如图 8-36 所示。

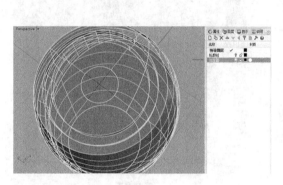

图 8-35

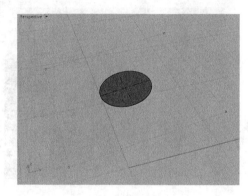

图 8-36

STEP 12 选择曲面，然后展开【曲面圆角】按钮 下的子面板，接着鼠标左键单击【缩回已修剪曲面 / 缩回已修剪曲面至边缘】按钮 ，如图 8-37 所示，效果如图 8-38 所示。

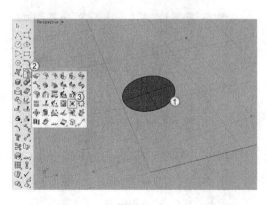

图 8-37

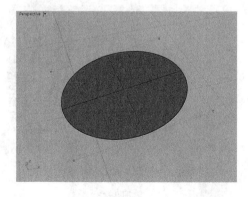

图 8-38

STEP 13 选择曲面，然后展开【曲面圆角】工具 下的子面板，接着鼠标右键单击【重建曲面】按钮 ，再在打开的【重建曲面】对话框中设置 U、V 为 9，最后鼠标右键单击【确定】按钮，如图 8-39 所示，效果如图 8-40 所示。

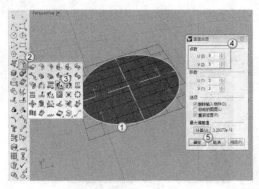

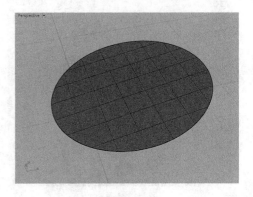

图 8-39   图 8-40

STEP 14 选择曲面，然后按 F10 键显示曲面的控制点，接着调整曲面的形状，如图 8-41 所示。

STEP 15 使用【直线挤出】工具 ，然后选择圆形曲面边缘，接着向下挤出，如图 8-42 所示。

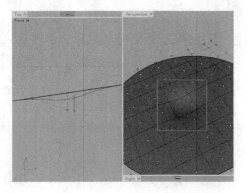

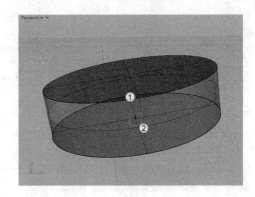

图 8-41   图 8-42

STEP 16 展开【布尔运算联集】工具 ，然后单击【抽离曲面】按钮 ，接着选择挤出的圆柱体顶部的面，再右击完成操作，如图 8-43 所示，最后删除抽离的曲面，如图 8-44 所示。

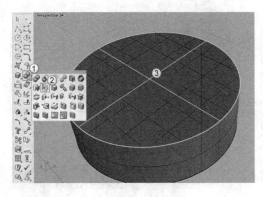

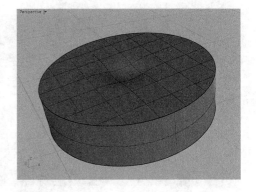

图 8-43   图 8-44

STEP 17 使用【组合】工具 将曲面组合，然后展开【布尔运算联集】工具 下的子面板，鼠标左键单击【不等距边缘斜角】按钮 ，接着在【命令行】中设置【下一个斜角距离】为 0.3，再选择顶部的边，最后鼠标右键两次单击完成操作，如图 8-45 所示，效果如图 8-46 所示。

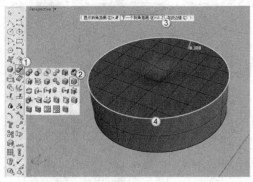

图 8-45

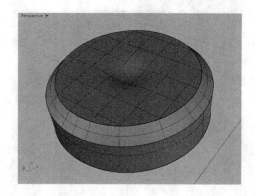

图 8-46

STEP 18 新建一个名为"按钮"的图层，然后把上一步的物体添加到该图层中，接着隐藏该图层，最后显示"加湿器"图层，如图 8-47 所示。

STEP 19 使用【直线挤出】工具 ，挤出一个曲面，如图 8-48 所示，然后使用【分析方向 / 反转方向】工具 反转曲面方向，如图 8-49 所示。

图 8-47

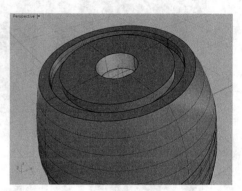

图 8-48

STEP 20 使用【以平面曲线建立曲面】工具 ，在底部生成曲面，如图 8-50 所示，然后使用【分析方向 / 反转方向】工具 ，反转曲面的方向，如图 8-51 所示。

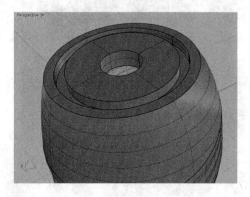

图 8-49

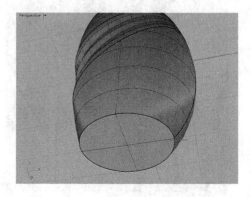

图 8-50

STEP 21 选择所有的曲面，然后使用【组合】工具 将曲面组合，如图 8-52 所示。

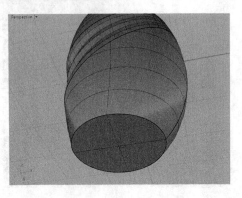

图 8-51

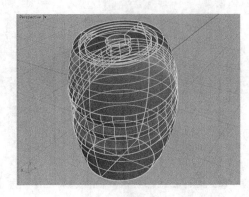

图 8-52

STEP 22 使用【不等距边缘圆角 / 不等距边缘混接】工具 ⬢，设置【下一个半径】为 0.2，然后选择顶部的边缘，如图 8-53 所示，接着鼠标右键两次单击完成操作，如图 8-54 所示。

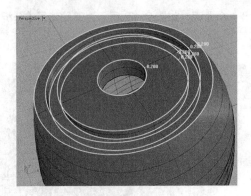

图 8-53

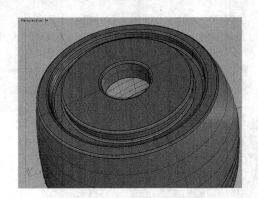

图 8-54

STEP 23 使用【不等距边缘圆角 / 不等距边缘混接】工具 ⬢，设置【下一个半径】为 2，然后选择底部的边缘，如图 8-55 所示，接着鼠标右键两次单击完成操作，如图 8-56 所示。

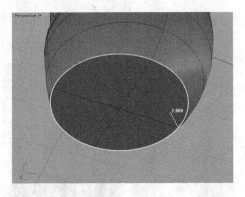

图 8-55

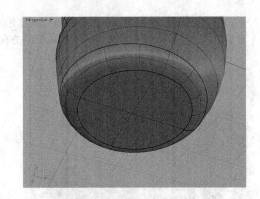

图 8-56

STEP 24 显示"按钮"图层，效果如图 8-57 所示。

4. 分类管理

STEP 1 新建名为"轮廓线""按钮""外壳"和"装饰"的图层，如图 8-58 所示。

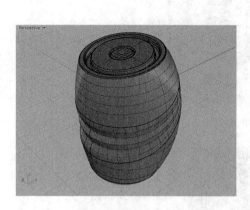

图 8-57

图 8-58

STEP 将曲线添加到"轮廓线"图层中，如图 8-59 所示，然后将按钮模型添加到"按钮"图层，如图 8-60 所示。

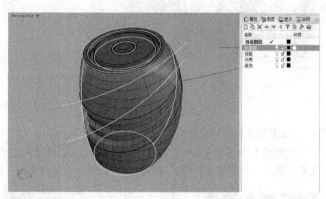

图 8-59

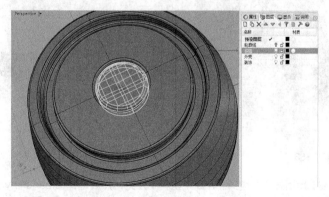

图 8-60

STEP 03 将机身模型的上、下两部分添加"外壳"图层中，如图 8-61 所示，然后将机身模型的中间部分添加到"装饰"图层中，如图 8-62 所示。

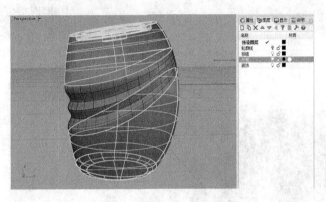

图 8-61

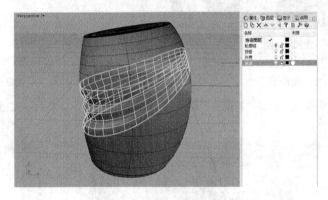

图 8-62

5. 渲染输出

STEP 01 将加湿器模型导入到 KeyShot 中，如图 8-63 所示。

STEP 02 在【库面板】中选择 Paint（油漆）>Metallic（金属漆）分类，然后选择 Paint-metallic dark grey（油漆 – 深灰色金属漆）材质，接着将该材质赋予给外壳模型，如图 8-64 所示。

图 8-63

图 8-64

STEP 03 在【库面板】中选择 Plastic（塑料）分类，然后选择 Clear shiny plastic light blue（透明闪亮的塑料高亮蓝）材质，接着将该材质赋予给中间的模型，如图 8-65 所示。

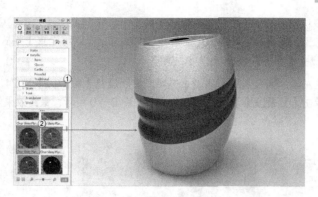

图 8-65

STEP 4 在【库面板】中选择 Metal（金属）分类，然后选择 Zinc Blue（锌蓝）材质，接着将该材质赋予给按钮模型，如图 8-66 所示。

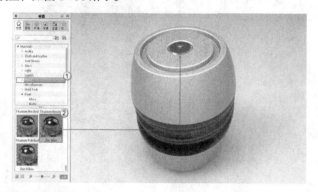

图 8-66

STEP 5 工作视图中选择一个合适的角度，如图 8-67 所示。

STEP 6 鼠标左键单击【工具栏】中的【项目】按钮，然后在【项目面板】中选择【环境】选项卡，接着展开【背景】卷展栏，最后选择【颜色】选项，如图 8-68 所示。

图 8-67

图 8-68

STEP 7 鼠标左键单击【工具栏】中的【渲染】按钮 🔳 打开【渲染选项】对话框，然后在左侧的列表中选择【输出】选项，接着输入【名称】为"加湿器"，再设置【格式】为 TIFF、分辨率为 1600×1200、【渲染模式】为【背景】，如图 8-69 所示。

STEP 8 在左侧的列表选择【质量】选项，然后设置【采样值】为 24、【抗锯齿级别】为 3、【阴影】为 3，接着单击【背景渲染】按钮 背景渲染 ，如图 8-70 所示，最终效果如图 8-71 所示。

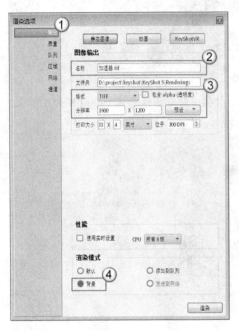

图 8-69

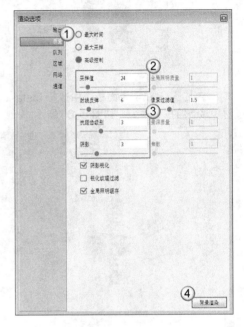

图 8-70

图 8-71

产品总结

本实例通过完成一个加湿器产品，来掌握加湿器的设计流程。加湿器作为日常生活中随处可见的电器，具有普及性广、市场需求大等特点，可用作工业设计中的代表性案例。

8.2　概念时钟设计

场景位置	无	扫码观看视频 86A　86B　86C
实例位置	实例文件 >CH08>8.2.3dm、8.2.bip	86D　86E　86F
学习目标	掌握概念时钟的设计方法	

市场需求

　　闹钟是日常生活中必不可少的一种设备，现在由于人手一部手机，而手机具备了大量的功能，以至于闹钟的市场越来越萎靡，甚至于走向灭亡。但是有一项科学研究显示，由于普通闹钟的使用，会导致第二天人的精神状态不佳，于是"日光闹钟"诞生了，这种日光闹钟能发出亮光，模拟太阳日照的光线，让人感觉天亮自然醒来，而不是在睡眠中被叫醒。因此日光闹钟很符合当代人的健康生活，具备一定的市场竞争力。

参考元素

　　日光闹钟的特点，是可以根据时间模拟出现实的日光，具有色温上的变化，这里参考了市场中较为出色的同类型产品，如图 8-72 所示。

设计思路

　　真实的日光虽然在日出时光线不是很强，但是还是具有一定的伤害。为了避免光线过强，本例中的闹钟是通过若干的小孔来释放光线，通过温和的光线来提醒用户。

图 8-72

制作步骤

1. 创建基础模型

STEP ⛄1　使用【圆柱体】工具 ▣ 创建一个圆柱体，如图 8-73 所示，然后选择圆柱体，接着旋转 180° 使接缝在 X 轴的负方向，如图 8-74 所示。

STEP 02 切换到 Front（前）视图，然后使用【控制点曲线 / 通过数个点的曲线】工具 绘制一条曲线，如图 8-75 所示。

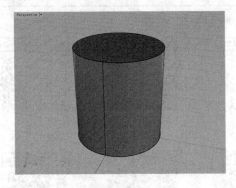

图 8-73

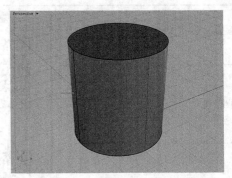

图 8-74

STEP 03 使用【修剪 / 取消修剪】工具 修剪圆柱体，如图 8-76 所示。

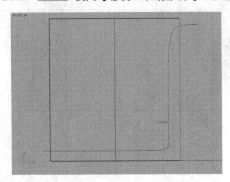

图 8-75

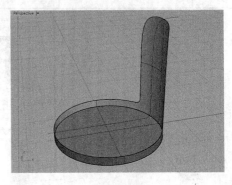

图 8-76

STEP 04 使用【炸开 / 抽离曲面】工具 将曲面拆分，如图 8-77 所示。

STEP 05 使用【偏移曲面】工具 ，然后选择曲面并右键单击确认，接着在【命令行】中设置【距离】为 1、【实体】为【是】，再鼠标左键单击【全部反转】参数使偏移方向朝内，最后右键单击完成操作，如图 8-78 所示，效果如图 8-79 所示。

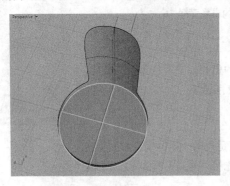

图 8-77

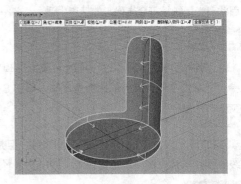

图 8-78

2. 细化时钟外罩

STEP 01 选择底部的曲面，按 Delete 键将其删除，如图 8-80 所示，然后使用【以平面曲线建立曲面】工具 ○ 在底部的内侧生成曲面，如图 8-81 所示。

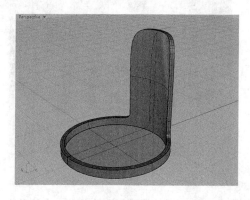

图 8-79

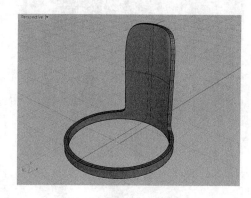

图 8-80

STEP 2 选择底部的曲面，按快捷键 Ctrl+C 复制曲面和 Ctrl+V 粘贴曲面，然后切换到 Front（前）视图，将曲面向上拖曳，如图 8-82 和图 8-83 所示，接着使用【分析方向 / 反转方向】工具 反转曲面方向，如图 8-84 所示。

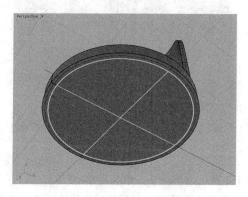

图 8-81

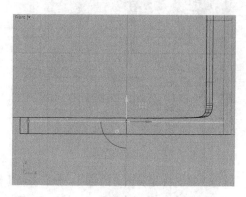

图 8-82

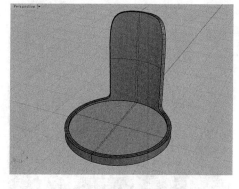

图 8-83

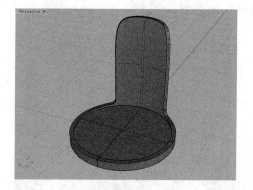

图 8-84

STEP 3 选择物件，然后使用【炸开 / 抽离曲面】工具 将其炸开，接着隐藏外侧的曲面，如图 8-85 所示。

STEP 4 使用【修剪 / 取消修剪】工具 ，沿曲面修剪偏移曲面，如图 8-86 和图 8-87 所示。

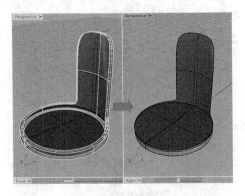

图 8-85

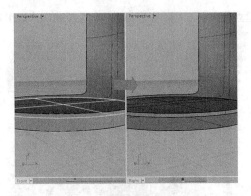

图 8-86

STEP 15 单击鼠标中键，然后展开【隐藏物件】工具💡下的子面板，接着单击【显示物件】按钮💡，显示被隐藏的物件，如图 8-88 所示。

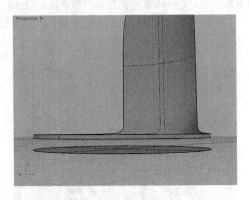

图 8-87

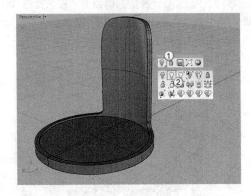

图 8-88

STEP 16 选择所有的曲面，然后使用【组合】工具🔩将其组合，如图 8-89 所示。

STEP 17 使用【不等距边缘圆角 / 不等距边缘混接】工具⬢，然后选择物件的边缘，接着在【命令行】中设置【下一个半径】为 0.2，最后鼠标右键两次单击完成操作，如图 8-90 所示，效果如图 8-91 所示。

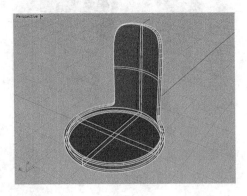

图 8-89

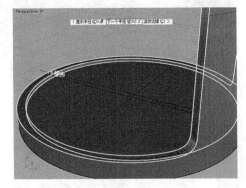

图 8-90

3. 制作外罩上的孔

STEP 1 创建一个名为"轮廓线"的图层，然后将曲线添加到该层，接着隐藏图层，如

图 8-92 所示。

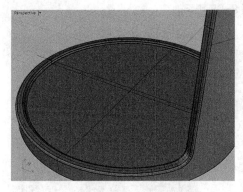
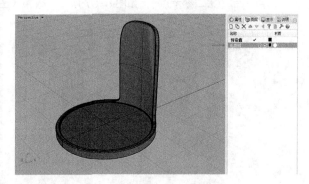

图 8-91　　　　　　　　　　　　　　　　　　图 8-92

STEP 切换到 Right（右）视图，然后开启【锁定格点】功能，接着使用【多重直线 / 线段】
工具 绘制一条直线，如图 8-93 所示。

STEP 选择直线，然后使用【偏移曲线】工具 ，设置【距离】为 1，单击【两侧】参数，
接着单击生成两条直线，如图 8-94 所示，效果如图 8-95 所示。

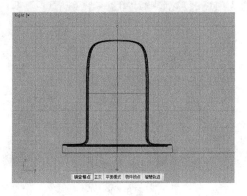
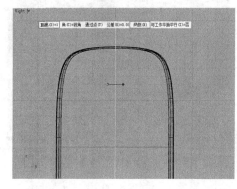

图 8-93　　　　　　　　　　　　　　　　　　图 8-94

STEP 展开【矩形：角对角】工具 下的子面板，然后单击【圆角矩形 / 圆锥角矩形】按
钮 ，接着绘制一个圆角矩形，如图 8-96 所示。

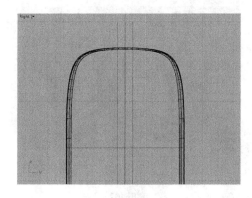
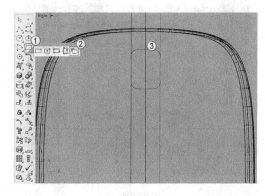

图 8-95　　　　　　　　　　　　　　　　　　图 8-96

STEP 选择圆角矩形，然后展开【矩形阵列】工具 下的子面板，接着鼠标左键单击【直

线阵列】按钮，再在【命令行】中输入 6 并按 Enter 键确认，最后鼠标左键两次单击确定阵列的【第一参考点】和【第二参考点】，如图 8-97 所示，效果如图 8-98 所示。

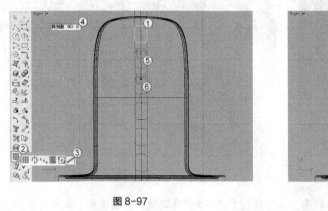
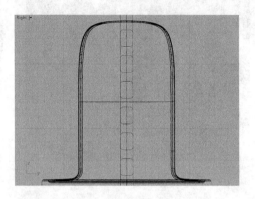

图 8-97　　　　　　　　　　　　　　　　　图 8-98

STEP 06 使用【偏移曲线】工具，对圆角矩形进行偏移操作，使其依次缩小，如图 8-99 所示，然后将原始的圆角矩形删除，如图 8-100 所示。

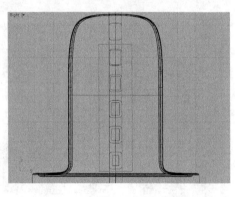
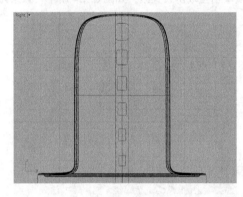

图 8-99　　　　　　　　　　　　　　　　　图 8-100

STEP 07 选择所有的圆角矩形，然后使用【直线挤出】工具挤出曲面，如图 8-101 所示，效果如图 8-102 所示。

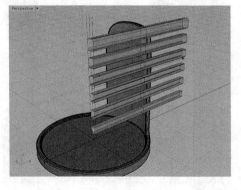
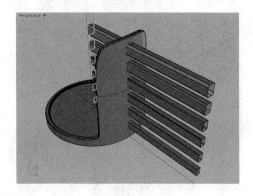

图 8-101　　　　　　　　　　　　　　　　　图 8-102

STEP 08 使用【布尔运算差集】工具，然后选择底座物件并用鼠标右键单击确认，接着选择所有的圆角矩形曲面，最后右击完成操作，如图 8-103 所示，效果如图 8-104 所示。

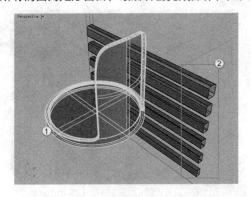

图 8-103

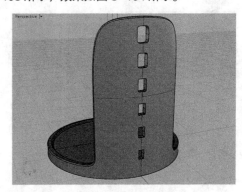

图 8-104

STEP 9 使用【不等距边缘斜角】工具 ，然后在【命令行】中设置【下一个斜角距离】为 0.2，
接着选择曲面边缘，最后鼠标右键两次单击完成操作，如图 8-105 所示，效果如图 8-106 所以。

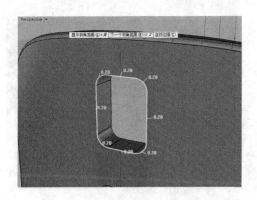

图 8-105

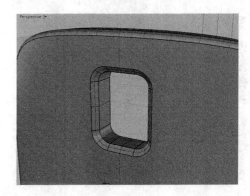

图 8-106

STEP 10 使用同样的方法，对所有的矩形孔进行斜角处理，如图 8-107 和图 8-108 所示。

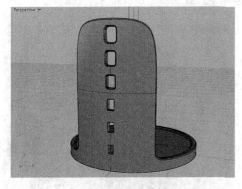

图 8-107

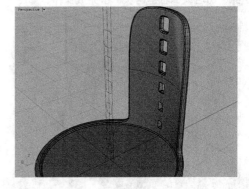

图 8-108

4. 制作时间格基础模型

STEP 1 将曲线添加到"轮廓线"图层中，场景中的曲线随即被隐藏，如图 8-109 所示。

STEP 2 使用【偏移曲线】工具 ，然后选择曲面边缘，接着在【命令行】中设置【距离】为 2，最后在内侧鼠标左键单击确定方向，如图 8-110 所示，效果如图 8-111 所示。

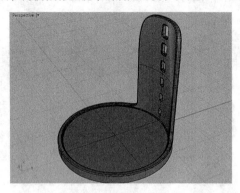

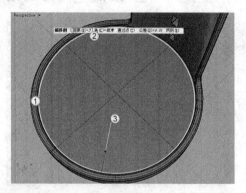

图 8-109   图 8-110

STEP 03 选择圆形曲线，然后展开【立方体：角对角、高度】工具 下的子面板，接着鼠标左键单击【挤出封闭的平面曲线】按钮 ，最后鼠标左键单击完成操作，如图 8-112 所示，效果如图 8-113 所示。

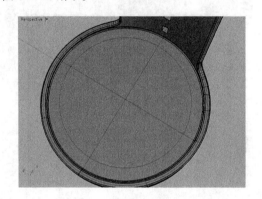

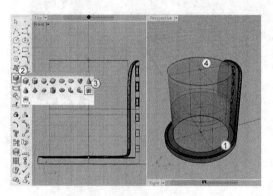

图 8-111   图 8-112

STEP 04 使用【不等距边缘斜角】工具 ，然后设置【下一个斜角距离】为 1，接着选择曲面边缘，然后鼠标右键两次单击完成操作，如图 8-114 所示，效果如图 8-115 所示。

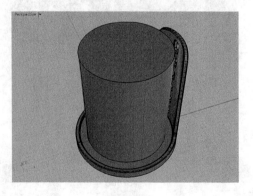

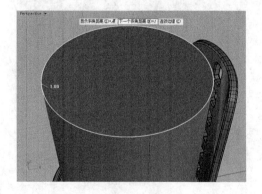

图 8-113   图 8-114

5. 制作中轴

STEP 01 使用【圆：中心点、半径】工具 创建一个圆形曲线，如图 8-116 所示。

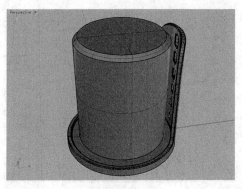

图 8-115

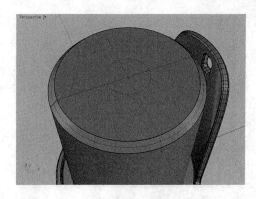

图 8-116

STEP 使用【修剪 / 取消修剪】工具 ，在顶部修剪一个圆孔，如图 8-117 所示。

STEP 使用【直线挤出】工具 ，然后选择曲面边缘，接着挤出一个曲面，如图 8-118 所示，最后使用【分析方向 / 反转方向】工具 反转曲面方向，如图 8-119 所示。

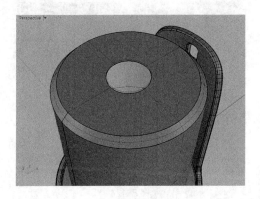

图 8-117

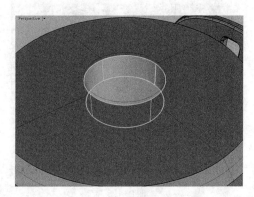

图 8-118

STEP 使用【曲面斜角】工具 ，然后设置【距离】为（0.50，0.50），接着选择两个曲面生成斜角，如图 8-120 所示，最后使用【分析方向 / 反转方向】工具 反转曲面方向，如图 8-121 所示。

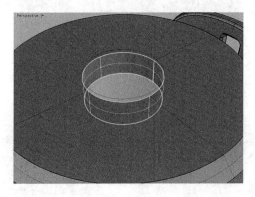

图 8-119

图 8-120

STEP 选择曲面，然后使用【组合】工具 将其组合，如图 8-122 所示。

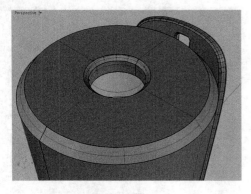

图 8-121

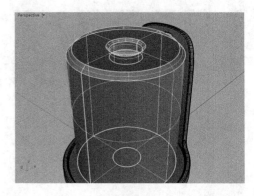

图 8-122

STEP 使用【挤出封闭的平面曲线】工具 ⬛，然后选择曲线生成圆柱体，如图 8-123 所示。

STEP 7 使用【不等距边缘圆角 / 不等距边缘混接】工具 ⬛，然后设置【下一个半径】为 1，接着选择曲面边缘，最后鼠标右键两次单击完成操作，如图 8-124 所示，效果如图 8-125 所示。

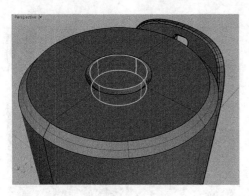

图 8-123

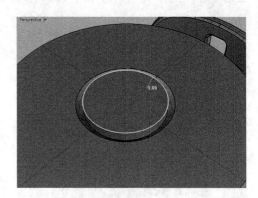

图 8-124

6. 制作时间格点

STEP 1 显示"轮廓线"图层，然后选择圆角曲线，接着拖曳到模型外侧，如图 8-126 所示。

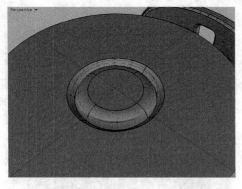

图 8-125

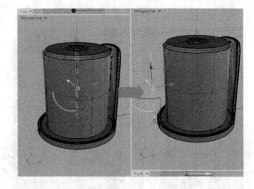

图 8-126

STEP 2 选择圆角曲线，然后使用【沿着曲线阵列】工具 🔧，接着选择中心的圆形曲线，再在打开的【沿着曲线阵列选项】对话框中，最后鼠标左键单击【确定】按钮 ▭确定▭ 完成操作，如图 8-127 所示。

STEP 3 选择两个相对的圆角曲线，然后使用【放样】工具 🔧 生成曲面，如图 8-128 所示，接着使用同样的方法制作另外两个曲面，如图 8-129 所示，最后使用【分析方向 / 反转方向】工具 ，反转曲面的方向，如图 8-130 所示。

图 8-127

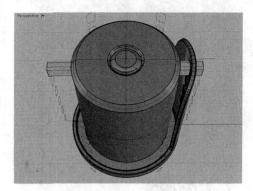

图 8-128

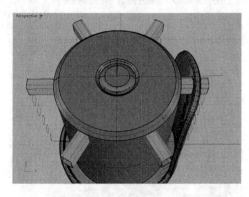

图 8-129

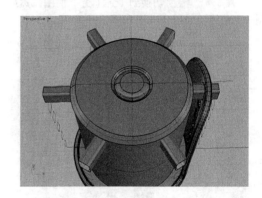

图 8-130

STEP 14 使用步骤（3）的方法，对所有的圆角矩形生成曲面，如图 8-131 所示。

STEP 15 选择所有放样生成的曲面，然后使用【群组】工具 将曲面群组，接着新建一个名为"曲面"的图层，然后将曲面添加到该图层中，如图 8-132 所示。

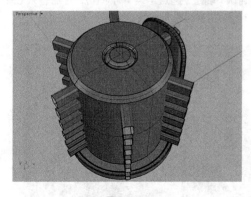

图 8-131

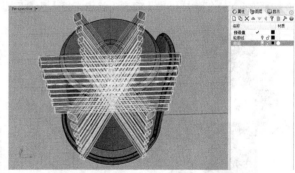

图 8-132

STEP 16 使用【分割 / 以结构线分割曲面】工具 ，然后沿放样曲面分割圆柱体，接着隐藏"曲面"图层，如图 8-133 所示。

STEP 17 新建一个名为"时间格"的图层，然后把所有分割下来的圆角矩形曲面添加到该图层中，如图 8-134 所示。

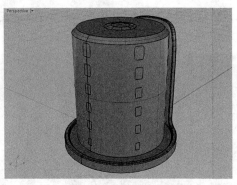

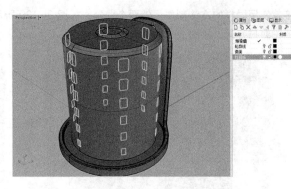

图 8-133　　　　　　　　　　　　　　　　图 8-134

7. 制作电源线

STEP 01　切换到 Top（上）视图，然后使用【控制点曲线 / 通过数个点的曲线】工具，绘制一条曲线，如图 8-135 和图 8-136 所示。

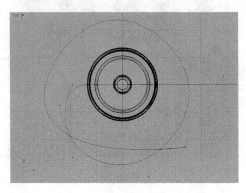

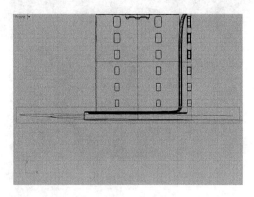

图 8-135　　　　　　　　　　　　　　　　图 8-136

STEP 02　选择曲线，然后展开【立方体：角对角、高度】工具下的子面板，接着鼠标左键单击【圆管（平头盖）】按钮，再输入 0.5 并按 Enter 键确认（确定【起点半径】为 0.5），最后输入 0.5 并按两次 Enter 键完成操作（确定【终点半径】为 0.5），如图 8-137 所示，效果如图 8-138 所示。

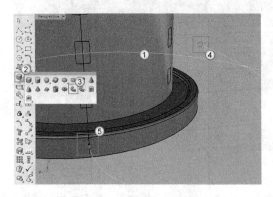

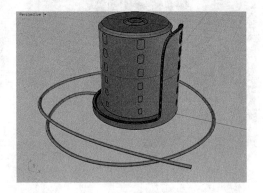

图 8-137　　　　　　　　　　　　　　　　图 8-138

STEP 03　选择始终外罩和线缆模型，然后使用【物件交集】工具生成相交曲线，如图 8-139 所示，效果如图 8-140 所示。

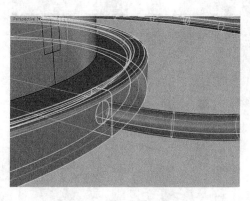

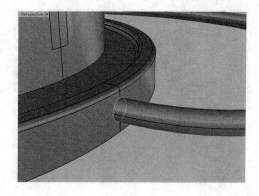

图 8-139　　　　　　　　　　　　　　　　　图 8-140

STEP 14 选择圆形曲线，然后使用【偏移曲线】工具，设置【距离】为 0.1，接着在外侧生成一条曲线，如图 8-141 所示。

STEP 15 选择偏移曲面，然后使用【挤出封闭的平面曲线】工具生成一个圆柱体，如图 8-142 所示，接着将圆柱体拖曳到时钟外罩中，使两个物件相交，如图 8-143 所示。

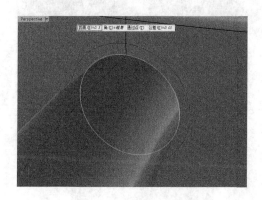

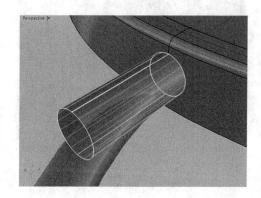

图 8-141　　　　　　　　　　　　　　　　　图 8-142

STEP 16 使用【布尔运算差集】工具，在时钟外罩上生成圆孔，如图 8-144 所示。

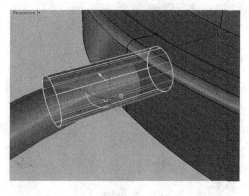

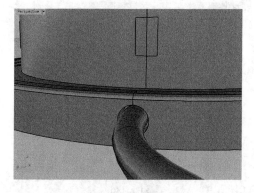

图 8-143　　　　　　　　　　　　　　　　　图 8-144

STEP 17 使用【不等距边缘圆角 / 不等距边缘混接】工具，然后在【命令行】中设置【下一个半径】为 0.1，接着单击鼠标右键两次完成操作，如图 8-145 所示，效果如图 8-146 所示。

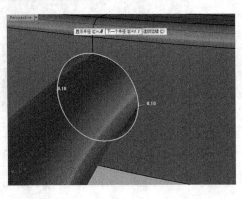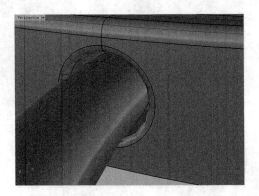

图 8-145　　　　　　　　　　　　　图 8-146

STEP 8 使用【多重直线 / 线段】工具绘制曲线，如图 8-147 所示，然后使用【曲线圆角】工具和【曲线斜角】工具对曲线拐角处进行处理，如图 8-148 所示。

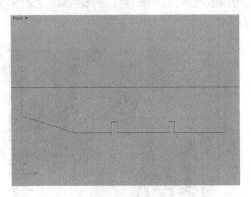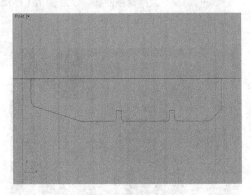

图 8-147　　　　　　　　　　　　　图 8-148

STEP 9 使用【多重直线 / 线段】工具绘制曲线，如图 8-149 所示。

STEP 10 使用【旋转成形 / 沿路径旋转】工具生成插头模型，如图 8-150 所示。

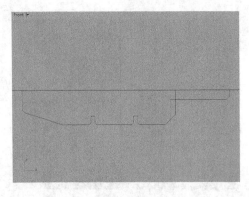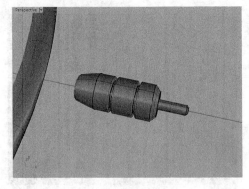

图 8-149　　　　　　　　　　　　　图 8-150

STEP 11 将插头模型拖曳到线缆的顶端，使插头与线缆吻合，如图 8-151 所示，最终效果如图 8-152 所示。

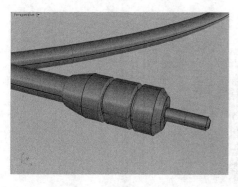

图 8-151

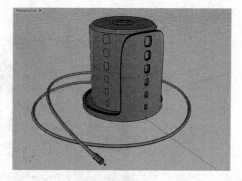

图 8-152

8. 分类管理

STEP 1 新建名为"轮廓线""时间格""外罩""主体""中轴""电源线"和"插头"的图层，如图 8-153 所示。

STEP 2 将所有曲线添加到"轮廓线"图层，如图 8-154 所示，然后将时间格模型添加到"时间格"图层，如图 8-155 所示。

图 8-153

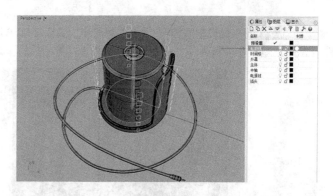

图 8-154

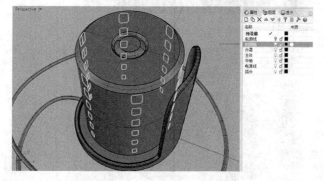

图 8-155

STEP 3 将外罩模型添加到"外罩"图层中，如图 8-156 所示，然后将主体模型添加到"主体"图层中，如图 8-157 所示。

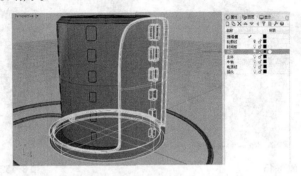

图 8-156

图 8-157

STEP 04 将中轴模型添加到"中轴"图层中，如图 8-158 所示，然后将电源线模型添加到"电源线"图层中，如图 8-159 所示，接着将插头模型添加到"插头"图层中，如图 8-160 所示。

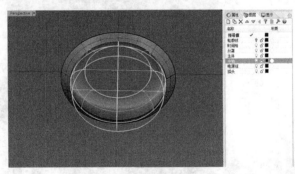

图 8-158

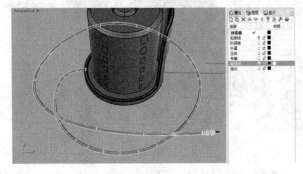

图 8-159

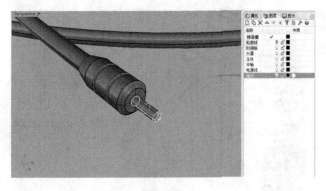

图 8-160

9. 模型渲染

STEP **1** 将闹钟模型导入到 KeyShot 中，如图 8-161 所示。

STEP **2** 在【库面板】中选择 Plastic（塑料）>Hard（坚硬）分类，然后选择 Hard Shiny Plastic（坚硬光泽的塑料）材质球，接着将该材质赋予给中轴模型，如图 8-162 所示。

图 8-161

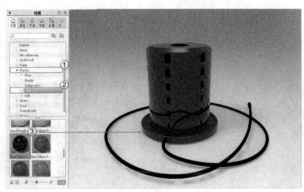

图 8-162

STEP **3** 在【库面板】中选择 Plastic（塑料）>Soft（柔软）分类，然后选择 Rubber（橡胶）材质球，接着将该材质赋予给电源线模型，如图 8-163 所示。

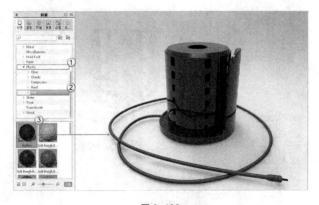

图 8-163

STEP **4** 在【库面板】中选择 Mental（金属）>Aluminum（铝）分类，然后选择 Aluminum

Rough（铝粗糙）材质球，接着将该材质赋予给中轴模型，如图 8-164 所示。

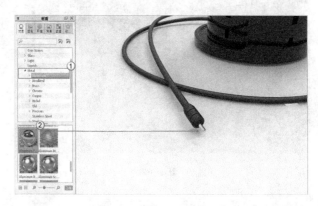

图 8-164

STEP 15 在【库面板】中选择 Mental（金属）>Aluminum（铝）分类，然后选择 Aluminum Rough（铝粗糙）材质球，接着将该材质赋予给中轴模型，如图 8-165 所示。

图 8-165

STEP 16 在【库面板】中选择 Light（灯光）分类，然后选择 Area Light 100W cool（面积光 100 瓦冷色）材质球，接着将该材质赋予给时间格模型，如图 8-166 所示。

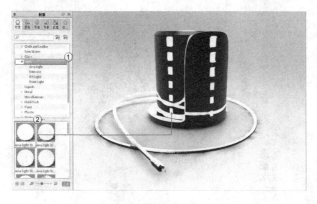

图 8-166

STEP 17 单击【工具栏】中的【项目】按钮，在【项目面板】中选择【材质】选项卡，然后设置【电源】为 3，接着选择【流明】选项，如图 8-167 所示。

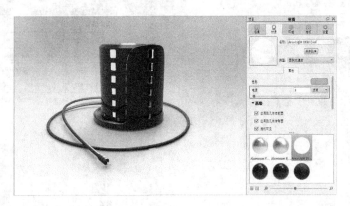

图 8-167

 技巧与提示

鼠标左键单击【色彩】后面的色块，打开【选择颜色】对话框，可以设置颜色模式和颜色，如图 8-168
所示。Area Light 100W cool（面积光 100 瓦冷色）材质默认的颜色模式是 Kelvin（绝对温标）。

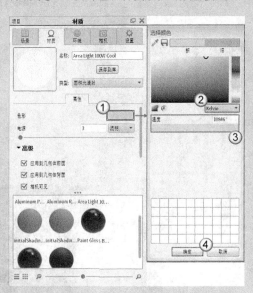

图 8-168

STEP 8 鼠标左键单击【工具栏】中的【项目】按钮 ，然后在【项目面板】中选择【环境】
选项卡，接着展开【背景】卷展栏，最后选择【颜色】选项，如图 8-169 所示。

STEP 9 鼠标左键单击【工具栏】中的【渲染】按钮 打开【渲染选项】对话框，然后在
左侧的列表中选择【输出】选项，接着输入【名称】为概念时钟，再设置【格式】为 TIFF、分辨率为
1600×1200、【渲染模式】为【背景】，如图 8-170 所示。

STEP 10 在左侧的列表选择【质量】选项，然后设置【采样值】为 24、【抗锯齿级别】为 3、
【阴影】为 3，接着鼠标左键单击【背景渲染】按钮 背景渲染 ，如图 8-171 所示，最终效果如图 8-172 所示。

图 8-169

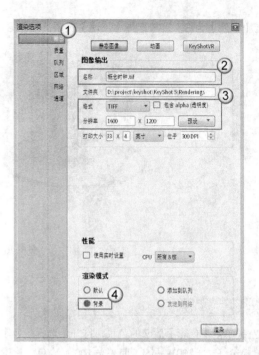

图 8-170

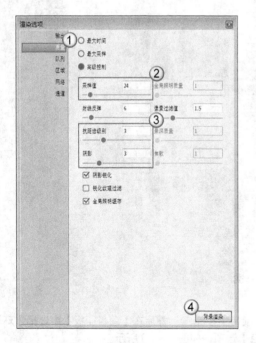

图 8-171

图 8-172

产品总结

本实例通过完成一个概念时钟产品，来掌握概念时钟的设计流程。本例中的时钟虽然只是一个概念设计，但是在设计思路上完全符合工业设计的要求。

8.3 MP3 设计

场景位置	无	扫码观看视频 87A	87B	87C
实例位置	实例文件 >CH08>8.3.3dm、8.3.bip	87D		87E
学习目标	掌握 MP3 的设计方法			

市场需求

近几年手机厂商们为了增加卖点，加强了手机的多媒体播放功能，将以前专业设备中的 Hi-Fi 功能也集成到手机上了。但是手机作为一个通讯工具，在有限的空间里集成了大量的电子元件，导致大量的信号干扰。而专业的 MP3 播放器，在电路设计上比较考究，使得音质尤为突出，尤其是 Hi-Fi 级的音乐播放器。因此在音乐播放器的市场中，MP3 还是很有竞争力。

参考元素

MP3 主打音质功能，因此不要花费太多精力在显示屏上，重点在于整体的造型是否符合人体工程学、按键操作是否流畅、携带是否方便等因素考虑。本例参考了一款便携式 MP3 播放器，如图 8-173 所示。

图 8-173

设计思路

在图 8-173 所示的播放器的基础上，本例对按键进行了优化设计，并将机身设计的小巧、舒适，以满足用户对外出使用的需求。

制作步骤

1. 绘制轮廓线

STEP 01 切换到 Top（上）视图，然后开启【锁定格点】和【节点】功能，接着使用【多重

直线 / 线段】工具 ∧、【镜像 / 三点镜像】工具 ⚖ 和【圆弧：起点、终点、起点的方向 / 圆弧：起点、起点的方向、终点】工具 ╲ 绘制相交的曲线，如图 8-174 所示。

STEP **⬛2** 关闭【锁定格点】和【节点】功能，然后使用【圆：中心点、半径】工具 ⊘ 绘制一个圆形曲线，如图 8-175 所示，接着使用【偏移曲线】工具 ╲ 生成两条曲线，如图 8-176 所示。

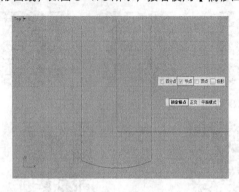

图 8-174

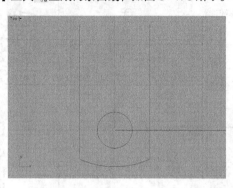

图 8-175

STEP **⬛3** 使用【多重直线 / 线段】工具 ∧ 和【镜像 / 三点镜像】工具 ⚖ 绘制直线，如图 8-177 所示，然后复制底部的曲线，并向上拖曳使其与直线相交，如图 8-178 所示。

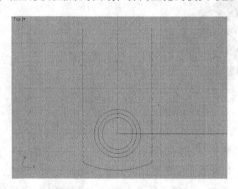

图 8-176

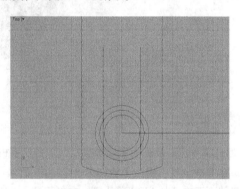

图 8-177

STEP **⬛4** 使用【修剪 / 取消修剪】工具 ╼ 修剪曲线，如图 8-179 所示。

图 8-178

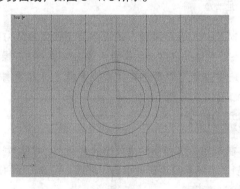

图 8-179

STEP **⬛5** 使用【可调式混接曲线 / 混接曲线】工具 ，然后选择两条直线，接着在【调整曲线混接】对话框中选择【曲率】选项，再调整操作手柄，最后鼠标左键来单击【确定】按钮 确定 完成操作，如图 8-180 所示，效果如图 8-181 所示。

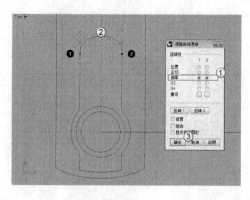

图 8-180

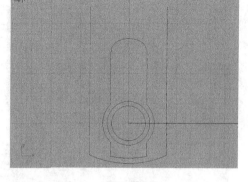

图 8-181

STEP 6 使用【多重直线 / 线段】工具∧和【圆：中心点、半径】工具◯，绘制相交的圆形和直线，如图 8-182 所示。

STEP 7 使用【偏移曲线】工具◯绘制两个圆形曲线，如图 8-183 所示

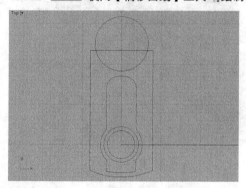

图 8-182

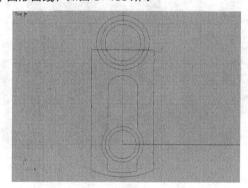

图 8-183

STEP 8 使用【修剪 / 取消修剪】工具◢修剪曲线，如图 8-184 所示，然后使用【组合】工具◢分别组合两组曲线，如图 8-185 所示。

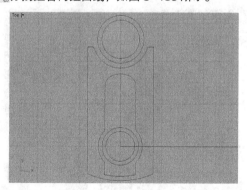

图 8-184

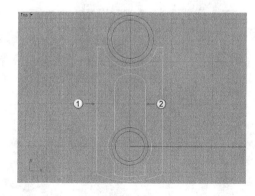

图 8-185

STEP 9 切换到 Right（右）视图，然后使用【控制点曲线 / 通过数个点的曲线】工具◢绘制一条曲线，如图 8-186 所示。

STEP 10 使用【偏移曲线】工具◢，在两侧各生成一条曲线，如图 8-187 所示，然后将偏移曲线向下拖曳，如图 8-188 所示。

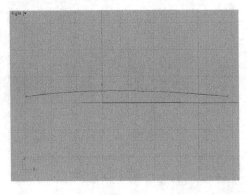

图 8-186

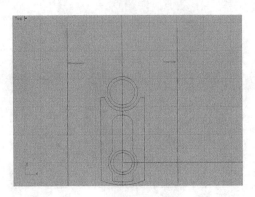

图 8-187

STEP 11 新建一个名为"轮廓线"的图层，然后把所有的曲线添加到该图层中，如图 8-189 所示。

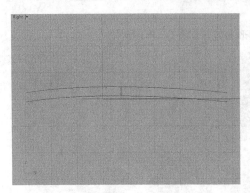

图 8-188

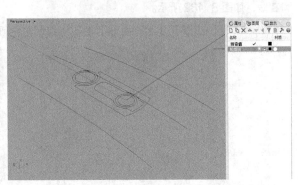

图 8-189

2. 制作顶面

STEP 1 依次选择 3 条曲线，然后使用【放样】工具 生成曲线，如图 8-190 所示，接着使用【分析方向 / 反转方向】工具 反转曲面方向，如图 8-191 所示。

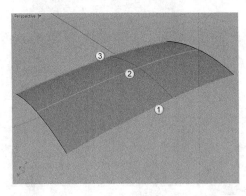

图 8-190

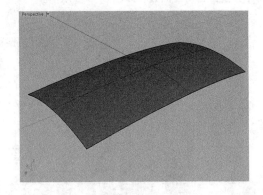

图 8-191

STEP 2 使用【修剪 / 取消修剪】工具 沿曲线修剪曲面，如图 8-192 所示，然后使用【镜像 / 三点镜像】工具 沿 X 轴镜像，如图 8-193 所示。

STEP 3 使用【放样】工具 ，在顶面的四周生成曲面，如图 8-194 所示，然后使用【分析方向 / 反转方向】工具 反转曲面方向，如图 8-195 所示。

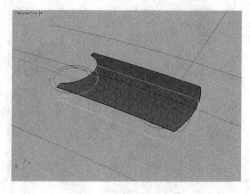

图 8-192

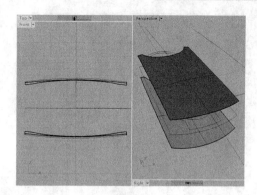

图 8-193

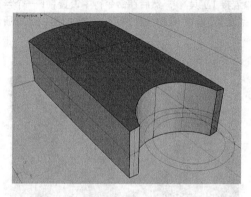

图 8-194

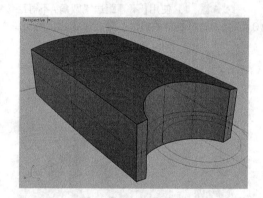

图 8-195

STEP 14 使用【分割 / 以结构线分割曲面】工具沿曲线分割顶面，如图 196 所示。

STEP 15 选择分割面，然后使用【挤出曲面】工具生成模型，如图 8-197 所示。

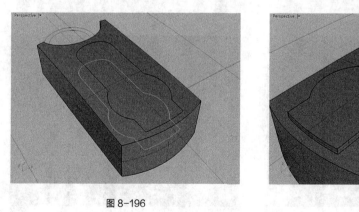

图 8-196

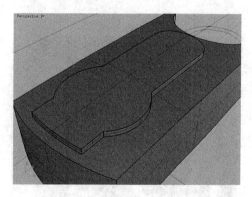

图 8-197

STEP 16 选择挤出的物件，然后单击鼠标中键，接着展开【隐藏物件】工具下的子面板，最后鼠标左键单击【隐藏未选取的物件】按钮隐藏其他物价，如图 8-198 所示。

STEP 17 使用【抽离曲面】工具，然后选择模型底部的曲面，接着单击鼠标右键完成操作，再将抽离的曲面删除，如图 8-199 所示，最后使用【显示物件】工具显示所有的物件，如图 8-200 所示。

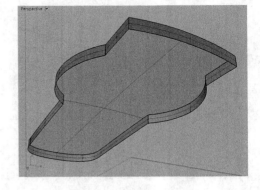

图 8-198　　　　　　　　　　　　　　　图 8-199

STEP 8 使用【不等距边缘圆角 / 不等距边缘混接】工具 ⬤，然后在命令行中设置【下一个半径】为 0.1，接着选择物件的棱边，最后鼠标右键两次单击完成操作，如图 8-201 所示，效果如图 8-202 所示。

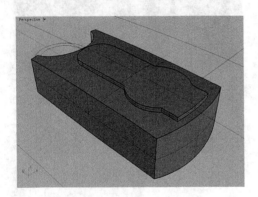

图 8-200

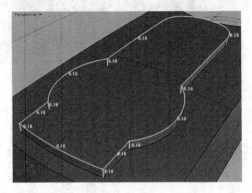

图 8-201

STEP 9 使用【分割 / 以结构线分割曲面】工具 ⬛，然后沿两条圆形曲线分割曲面，如图 8-203 所示。

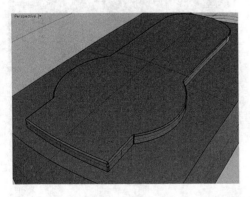

图 8-202

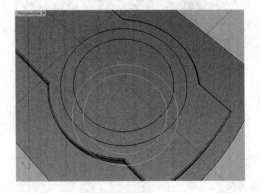

图 8-203

STEP 10 选择圆形曲面，然后向上拖曳，如图 8-204 所示，接着使用【隐藏物件】工具 💡 将其隐藏，如图 8-205 所示。

STEP 11 选择环形曲面，然后使用【挤出曲面】工具 ⬛ 生成模型，接着删除原始环形曲面，如图 8-206 所示。

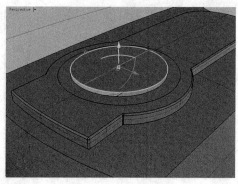

图 8-204

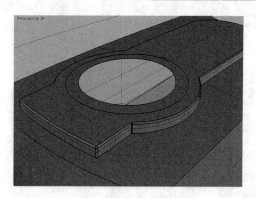

图 8-205

STEP 12 将挤出的物件向上拖曳，如图 8-207 所示，然后使用【不等距边缘圆角 / 不等距边缘混接】工具 ⬡，接着在【命令行】中设置【下一个半径】为 0.1，再选择曲面边缘，最后右击两次完成操作，如图 8-208 所示，效果如图 8-209 所示。

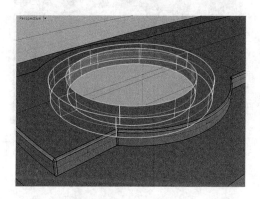

图 8-206

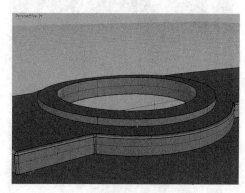

图 8-207

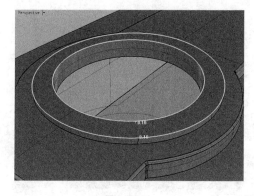

图 8-208

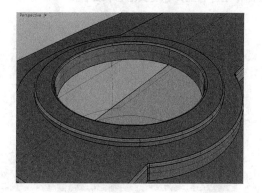

图 8-209

STEP 13 使用【显示物件】工具 💡 显示所有物件，然后选择环形物件，接着使用【隐藏物件】工具 💡 将其隐藏，如图 8-210 所示。

STEP 14 使用【挤出封闭的平面曲线】工具 ▣，然后选择曲面边缘，接着向下挤出曲面，如图 8-211 所示。

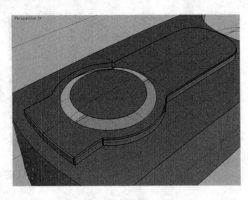

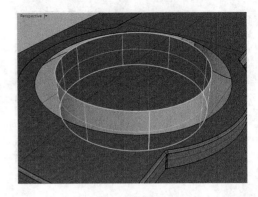

图 8-210　　　　　　　　　　　　　　图 8-211

STEP 15 使用【曲面圆角】工具，然后在【命令行】中设置【半径】为 1，接着选择曲面生成圆角，如图 8-212 所示，最后使用【组合】工具将曲面组合，如图 8-213 所示。

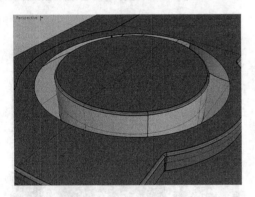

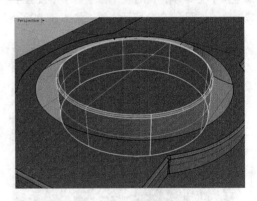

图 8-212　　　　　　　　　　　　　　图 8-213

STEP 16 使用【显示物件】工具显示所有物件，如图 8-214 所示，然后选择曲面，接着使用【组合】工具将其组合，如图 8-215 所示。

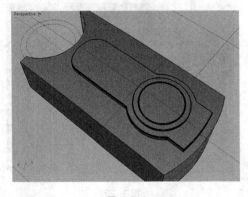

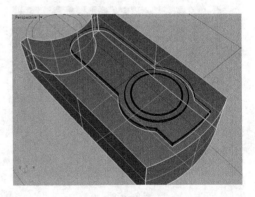

图 8-214　　　　　　　　　　　　　　图 8-215

STEP 17 展开【布尔运算联集】工具下的子面板，鼠标右键单击【不等距边缘圆角 / 不等距边缘混接】按钮，然后在【命令行】中设置【下一个半径】为 1.2，接着选择曲面边缘并右击确认，再用鼠标左键单击底部的操作手柄，输入 0.5（设置新的圆角半径为 0.5），最后右击完成操作如图 8-216 所示，效果如图 8-217 所示。

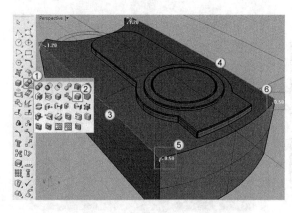

图 8-216

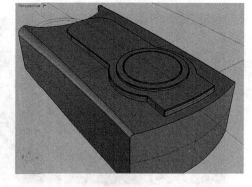

图 8-217

STEP 18 使用【圆柱体】工具 ◉ 创建 3 个圆柱体，然后调整其位置，如图 8-218 所示，然后使用【群组】工具 ◉ 将其群组，如图 8-219 所示。

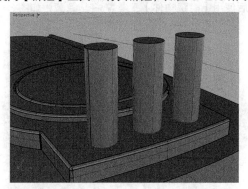

图 8-218

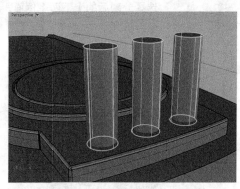

图 8-219

STEP 19 使用【布尔运算差集】工具 ◉ 制作凹槽，如图 8-220 所示。

STEP 20 使用【不等距边缘圆角 / 不等距边缘混接】工具 ◉，然后在【命令行】中设置【下一个半径】为 0.05，接着选择凹槽的边缘，然后鼠标右击单击两次完成操作，如图 8-221 所示，效果如图 8-222 所示。

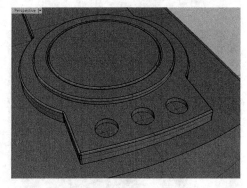

图 8-220

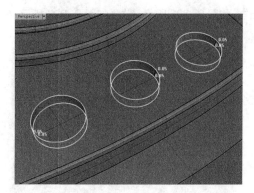

图 8-221

制作 MP3 侧面

STEP 1 隐藏 "轮廓线" 图层，然后切换到 Front（前）视图，接着使用【多重直线 / 线段】

工具 $\wedge$ 绘制 3 条直线，如图 8-223 所示。

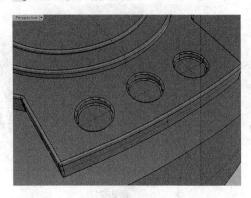
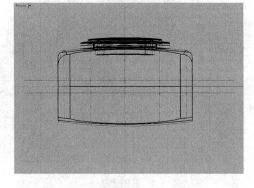

图 8-222　　　　　　　　　　　　　　　　图 8-223

STEP 12 使用【分割 / 以结构线分割曲面】工具 ，沿 3 条曲线分割物件，如图 8-224 所示。

STEP 13 选择分割后的上下两个侧面，然后使用【隐藏物件】工具 将其隐藏，如图 8-225 所示。

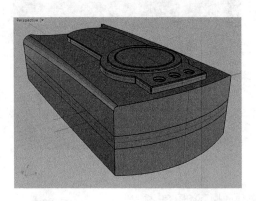
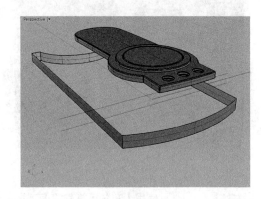

图 8-224　　　　　　　　　　　　　　　　图 8-225

STEP 14 使用【偏移曲面】工具 ，然后选择曲面，接着在【命令行】中设置【距离】为 0.35、【角】为【锐角】、【实体】为【否】，再单击【全部反转】参数反转偏移的方向，最后单击鼠标右键完成操作，如图 8-226 所示，效果如图 8-227 所示。

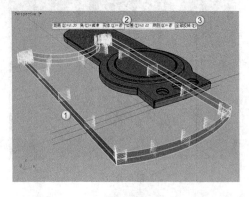
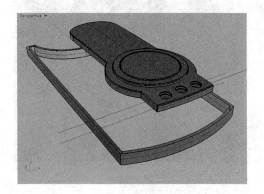

图 8-226　　　　　　　　　　　　　　　　图 8-227

STEP 15 选择外侧的曲面，然后使用【炸开 / 抽离曲面】工具 分离曲面，接着选择图 8-228

所示的曲面，最后按 Delete 键删除，如图 8-229 所示。

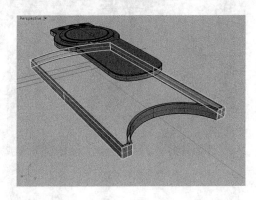

图 8-228

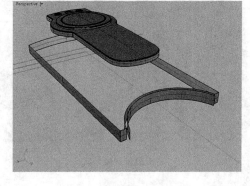

图 8-229

STEP 6 使用【偏移曲面】工具 ◎，然后选择曲面，接着在【命令行】中设置【距离】为 0.35，最后单击鼠标右键完成操作，如图 8-230 所示，效果如图 8-231 所示。

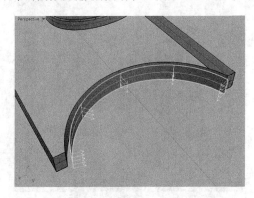

图 8-230

图 8-231

STEP 7 选择曲面，然后使用【炸开 / 抽离曲面】工具 ⅙ 分离曲面，如图 8-232 所示，然后删除图 8-233 所示的曲面。

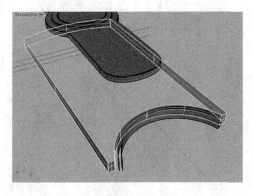

图 8-232

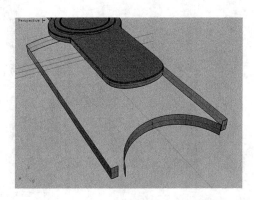

图 8-233

STEP 8 选择两端的曲面，然后展开【布尔运算联集】工具 ◎ 下的子面板，接着鼠标左键单击【打开实体物件的控制点】工具 ▥，如图 8-234 所示。

STEP 9 选择曲面内侧的控制点，然后向内收缩，如图 8-235 所示。

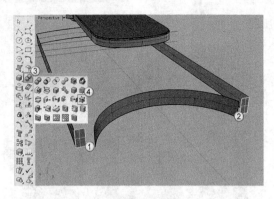
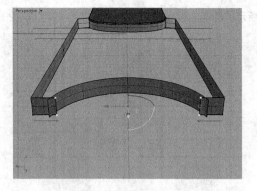

图 8-234　　　　　　　　　　　　　　图 8-235

STEP 10 使用【修剪 / 取消修剪】工具 修剪曲面多余的部分，如图 8-236 所示。

STEP 11 使用【以平面曲线建立曲面】工具 ，在上、下两端生成曲面，如图 8-237 和图 8-238 所示。

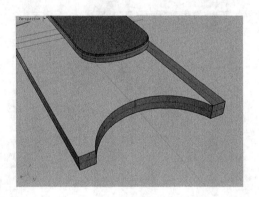
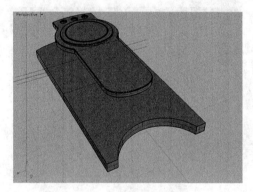

图 8-236　　　　　　　　　　　　　　图 8-237

STEP 12 选择中间的曲面，然后使用【组合】工具 将其组合，如图 8-239 所示。

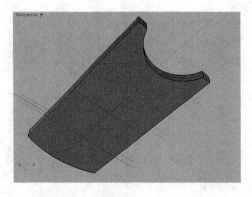
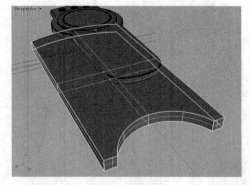

图 8-238　　　　　　　　　　　　　　图 8-239

STEP 13 使用【不等距边缘圆角 / 不等距边缘混接】工具 ，然后在【命令行】中设置【下一个半径】为 0.1，接着选择物件的棱边，最后右击两次完成操作，如图 8-240 所示，效果如图 8-241 所示。

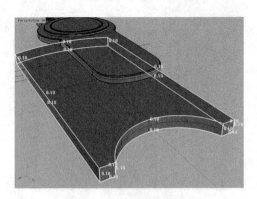

图 8-240

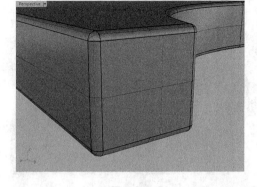

图 8-241

STEP 14 使用【显示物件】工具 ♀ 显示所有隐藏的物件，如图 8-242 所示，然后将中间的物件隐藏，如图 8-243 所示。

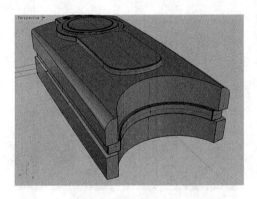

图 8-242

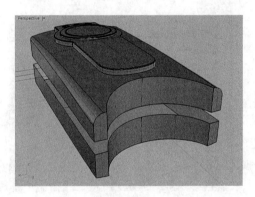

图 8-243

STEP 15 使用【以平面曲线建立曲面】工具 ◎ 对物件进行封面，如图 8-244 所示，然后使用【组合】工具 🐾 分别对上个模型组合，如图 8-245 所示，接着使用【分析方向 / 反转方向】工具 🗠 反转曲面方向，如图 8-246 所示。

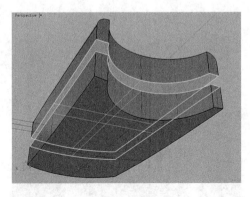

图 8-244

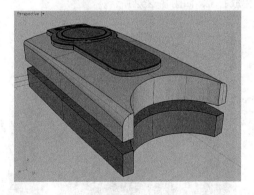

图 8-245

STEP 16 使用【不等距边缘圆角 / 不等距边缘混接】工具 🔲，然后在【命令行】中设置【下一个半径】为 0.1，接着选择模型的边缘，最后鼠标右键两次单击完成操作，如图 8-247 所示，效果如图 8-248 所示。

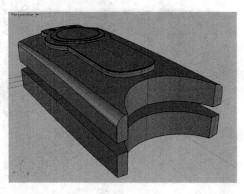

图 8-246

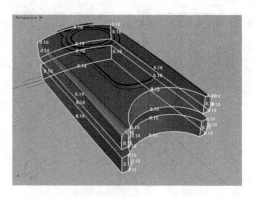

图 8-247

STEP 17 选择两条曲线，然后将其添加到"轮廓线"图层中，如图 11 所示，接着使用【显示物件】工具♡显示隐藏的物件，如图 8-249 所示。

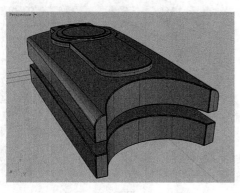

图 8-248

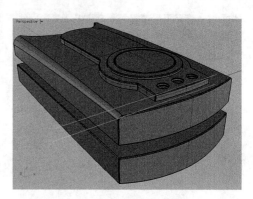

图 8-249

3. 制作 MP3 顶环

STEP 1 显示"轮廓线"图层，如图 8-251 所示，然后使用【直线挤出】工具🗋，对圆形曲线生成曲面，如图 8-252 所示。

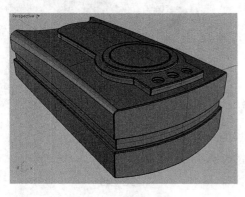

图 8-250

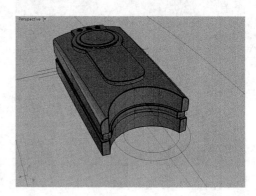

图 8-251

STEP 2 开启【锁定格点】和【操作轴】功能，然后在 Front（前）视图中，将两个曲面捕捉到坐标中心，如图 8-253 和图 8-254 所示。

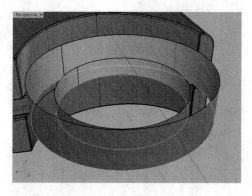

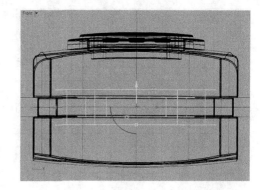

图 8-252　　　　　　　　　　　　　　图 8-253

STEP ⟨3⟩ 使用【隐藏物件】工具 💡 将曲面隐藏，只保留两个环形曲面，然后如图 8-255 所示，然后使用【混接曲面】工具 ✍，接着选择两个环形曲面的边缘，再在【调整曲面混接】对话框中选择【曲率】选项，并调整操作手柄，最后鼠标左键单击【确定】按钮 确定 完成操作，如图 8-256 所示，效果如图 8-257 所示。

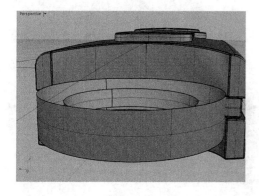

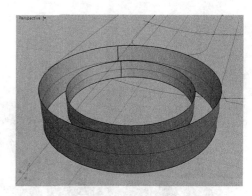

图 8-254　　　　　　　　　　　　　　图 8-255

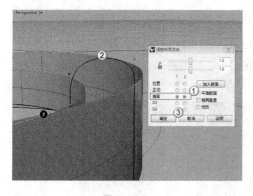

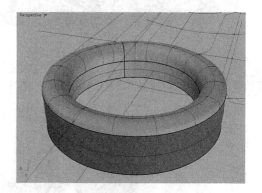

图 8-256　　　　　　　　　　　　　　图 8-257

STEP ⟨4⟩ 使用【镜像 / 三点镜像】工具 🪞 沿 X 轴进行镜像，如图 8-258 所示，然后使用【组合】工具 🧩 将曲面组合，如图 8-259 所示。

STEP ⟨5⟩ 使用【显示物件】工具 💡 显示隐藏的物件，如图 8-260 所示。

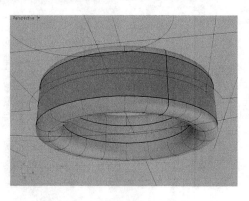

图 8-258

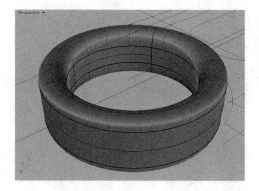

图 8-259

4. 分类管理

STEP 01 新建名为"轮廓线""顶环""正面""装饰""环""圆角罩""中间"和"背面"的图层，如图 8-261 所示。

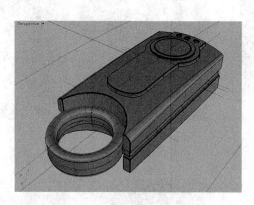

图 8-260

图 8-261

STEP 02 将所有的曲线添加到"轮廓线"图层中，如图 8-262 所示，然后隐藏该图层，接着将顶部的圆环模型添加到"顶环"图层中，如图 8-263 所示。

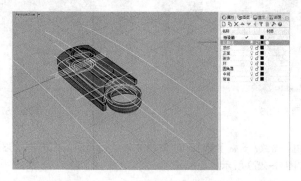

图 8-262

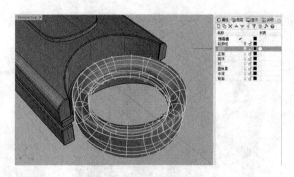

图 8-263

STEP 13 将机身顶部的曲面添加到"正面"图层中，如图 8-264 所示，然后将顶部的曲面添加到"装饰"图层中，如图 8-265 所示。

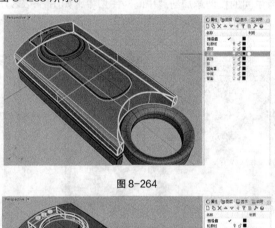

图 8-264

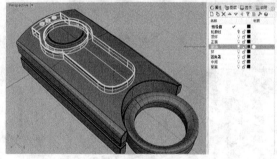

图 8-265

STEP 14 将顶部的圆环模型添加到"环"图层中，如图 8-266 所示，然后将圆柱体模型添加到"圆角罩"图层中，如图 8-267 所示。

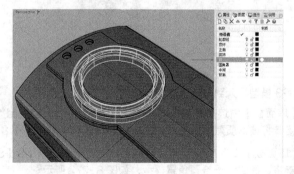

图 8-266

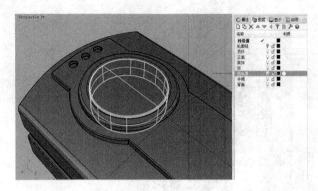

图 8-267

STEP 15 将机身中间的模型添加到"中间"图层中，如图 8-268 所示，然后将机身底部的模型添加到"背面"图层中，如图 8-269 所示。

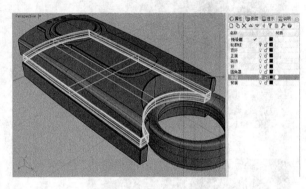

图 8-268

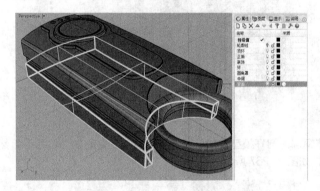

图 8-269

5. 渲染输出

STEP 1 将 MP3 模型导入到 KeyShot 中，如图 8-270 所示。

STEP 2 在【库面板】中选择 Plastic（塑料）分类，然后选择 Hard Shiny Plastic Black（硬闪光塑料黑色）材质，接着将该材质赋予给机身的顶、底部和圆环模型，如图 8-271 所示。

STEP 3 在【库面板】中选择 Plastic（塑料）分类，然后选择 Hard Shiny Plastic Red（硬闪光塑料红色）材质，接着将该材质赋予给圆角罩模型，如图 8-272 所示。

图 8-270

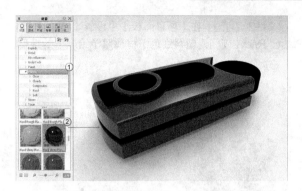

图 8-271

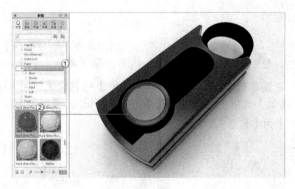

图 8-272

STEP 04 在【项目面板】中选择【材质】选项卡，然后选择【凹凸贴图】选项，如图 8-273 所示，接着在打开的【打开纹理贴图】对话框中，选择路径 "Texture>Bump Maps>Normal Maps"，再选择 mesh_hexagonal_normal.jpg 文件，最后鼠标左键单击【打开】按钮 打开(O) ，如图 8-274 所示。

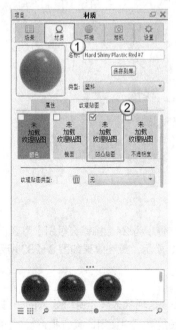

图 8-273

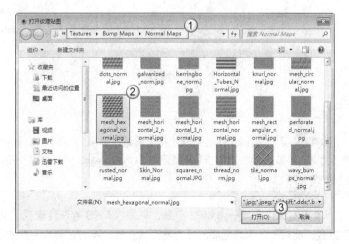

图 8-274

STEP 5 在【项目面板】中设置【缩放比例】为 0.05，如图 8-275 所示，然后将 Hard Shiny Plastic Red（硬闪光塑料红色）材质赋予给剩下的模型，如图 8-276 所示。

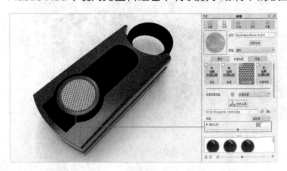

图 8-275

图 8-276

STEP 6 单击【工具栏】中的【项目】按钮，然后在【项目面板】中选择【环境】选项卡，接着展开【背景】卷展栏，最后选择【颜色】选项，如图 8-277 所示。

STEP 7 鼠标左键单击【工具栏】中的【渲染】按钮打开【渲染选项】对话框，然后在左侧的列表中选择【输出】选项，接着输入【名称】为 MP3，再设置【格式】为 TIFF、分辨率为 1600×1200、【渲染模式】为【背景】，如图 8-278 所示。

图 8-277

图 8-278

STEP 8 在左侧的列表选择【质量】选项，然后设置【采样值】为 24、【抗锯齿级别】为 3、【阴影】为 3，接着鼠标左键单击【背景渲染】按钮，如图 8-279 所示，最终效果如图 8-280 所示。

产品总结

本实例通过完成一个 MP3 产品，来掌握 MP3 的设计流程。MP3 是现代人满足身心娱乐的一种重要方式，而对于追求高品质的发烧友而言，往往不会沉浸在一款产品的满足中，因此具有相当规模的市场需求。

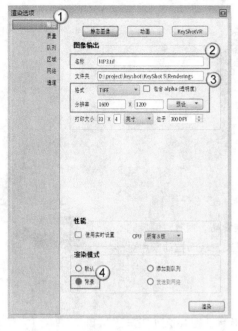

图 8-279

图 8-280

8.4 豆浆机设计

场景位置	无	扫码观看视频 88A	88B	88C
实例位置	实例文件 >CH08>8.4.3dm、8.4.bip			
		88D	88E	88F
视频位置	多媒体文件 >CH08> 实例 60.mp4			
		88G	88H	
学习目标	掌握豆浆机的设计方法			

市场需求

　　豆浆具有极高的营养价值，是一种非常理想的健康食品。随着对健康的重视逐渐加强，现代人为了干净卫生，纷纷选择自制豆浆，从而拉动家用豆浆机的市场。

参考元素

　　豆浆机作为一种食品加工设备，首先要考虑到操作性。图 8-281 所示的豆浆机，是一款操作简单、适用范围广的产品，不仅外观简洁，而且细节处理上非常人性化。

设计思路

　　豆浆机的主要工作键位，位于机器的顶部。因此在设计豆浆机时，应重

图 8-281

点刻画顶部的细节。在考虑到使用者的操作习惯和产品安全等方面，确定插孔的位置位于把手的上方。

制作步骤

1. 绘制侧面型线

　　STEP 〔1〕切换到 Front(前)视图，然后使用【多重直线/线段】工具 ∧ 绘制曲线，如图 8-282 所示。

　　STEP 〔2〕选择【物件锁点】功能中的【节点】选项，然后展开【圆弧：中心店、起点、角度】工具 ▷ 下的子面板，接着鼠标左键单击【圆弧：起点、终点、通过点 / 圆弧：起点、通过点、终点】按钮 ↖，再捕捉到两条直线的控制点上并单击确认，最后鼠标左键单击确定弧度完成操作，如图 8-283 所示。

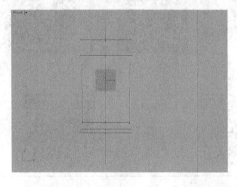

图 8-282

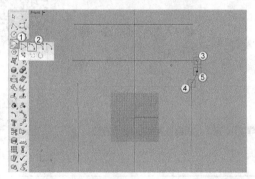

图 8-283

　　STEP 〔3〕使用步骤（2）的方法制作另一边的弧线，如图 8-284 所示。

STEP 14 使用【圆弧：起点、终点、通过点 / 圆弧：起点、通过点、终点】工具 绘制相交弧线，如图 8-285 所示。

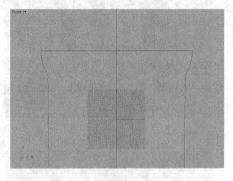

图 8-284

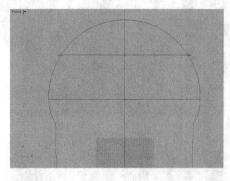

图 8-285

STEP 15 使用【多重直线 / 线段】工具 ，绘制两条相交的直线，如图 2-286 所示。

STEP 16 使用【曲线圆角】工具 ，然后在【命令行】中设置【半径】为 20，接着对曲线进行光滑处理，如图 8-287 和图 8-288 所示。

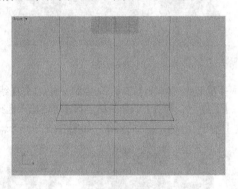

图 8-286

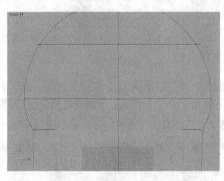

图 8-287

STEP 17 使用【分割 / 以结构线分割曲面】工具 将曲线分割，如图 8-289 所示，然后【组合】工具 分别组合成两条曲线，如图 8-290 所示。

图 8-288

图 8-289

STEP 18 使用步骤（7）的方法对右侧的曲线进行同样的操作，如图 8-291 所示。

STEP 19 使用【多重直线 / 线段】工具 绘制两条直线，如图 8-292 所示。

STEP 10 开启【操作轴】功能，然后缩短直线的长度，如图 8-293 所示。

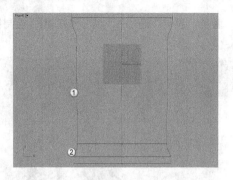

图 8-290

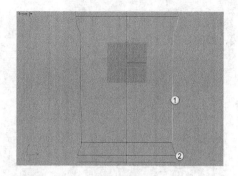

图 8-291

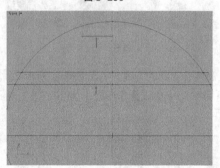

图 8-292

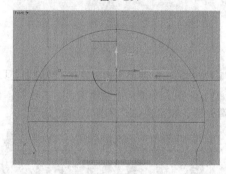

图 8-293

STEP 11 开启【节点】功能，然后使用【多重直线／线段】工具，绘制一条相交直线，如图 8-294 所示，接着使用【可调式混接曲线／混接曲线】工具，再在【调整曲线混接】对话框中选择【正切】选项，并调整操作手柄，最后鼠标左键单击【确定】按钮 确定 完成操作，如图 8-295 所示。

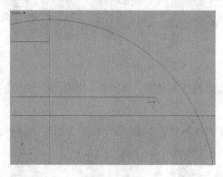

图 8-294

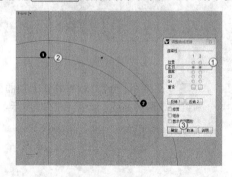

图 8-295

STEP 12 使用【镜像／三点镜像】工具，然后选择混接曲线沿 Y 轴镜像复制，如图 8-296 所示，接着使用【曲线圆角】工具，再在【命令行】中设置【半径】为 5，最后对夹角进行光滑操作，如图 8-297 所示。

STEP 13 新建一个名为"轮廓线"的图层，然后把所有曲线添加到该图层中，如图 8-298 所示。

2. 制作机盖

STEP 1 使用【旋转成形／沿路径旋转】工具，沿 Z 轴生成曲面，如图 8-299 所示，然后使用【分析方向

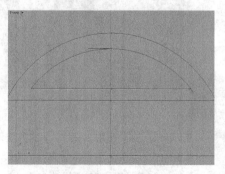

图 8-296

/ 反转方向】工具 ，反转曲面方向，如图 8-300 所示。

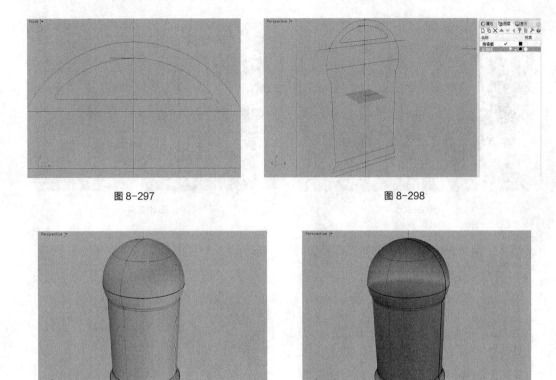

图 8-297　　　　　　　　　　　　　　　　图 8-298

图 8-299　　　　　　　　　　　　　　　　图 8-300

STEP 02 复制一条直线，然后向下拖曳，如图 8-301 所示，接着使用【直线挤出】工具 ，分别在水平和垂直方向各生成一个曲面，如图 8-302 所示。

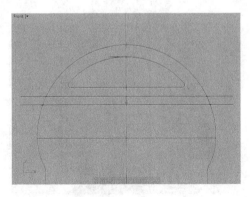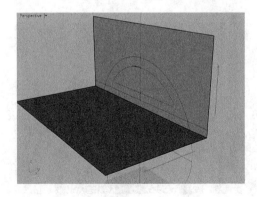

图 8-301　　　　　　　　　　　　　　　　图 8-302

STEP 03 使用【曲面圆角】工具 ，然后在【命令行】中设置【半径】为 30，接着在两个曲面间生成圆角曲面，如图 8-303 所示，最后使用【组合】工具 将 3 个曲面组合，如图 8-304 所示。

STEP 04 切换到 Right（右）视图，然后向左拖曳曲面，如图 8-305 所示，接着使用【镜像 /

三点镜像】工具 ，沿 Z 轴镜像复制，如图 8-306 所示。

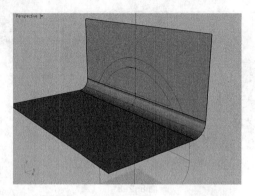
图 8-303

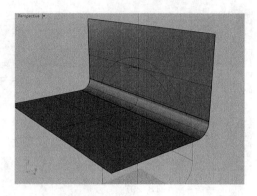
图 8-304

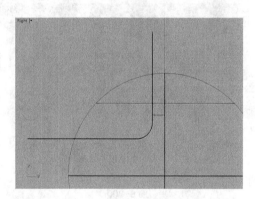
图 8-305

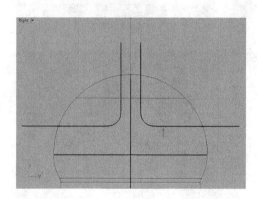
图 8-306

STEP 5 使用【修剪 / 取消修剪】工具，对机盖左侧的曲面进行修剪，如图 8-307 所示，接着使用同样的方法，修剪机盖右侧的曲面，如图 8-308 所示。

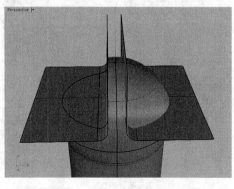
图 8-307

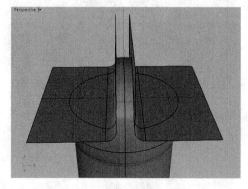
图 8-308

STEP 6 隐藏用来修剪的两个曲面，如图 8-309 所示，然后使用【直线挤出】工具 挤出曲面，如图 8-310 所示。

STEP 7 使用【组合】工具 将曲面组合，如图 8-311 所示，然后切换到 Top（上）视图，接着调整曲面的位置，如图 8-312 所示。

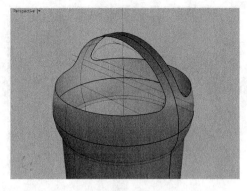

图 8-309

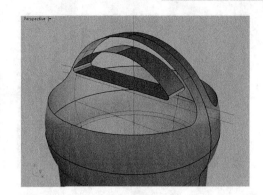

图 8-310

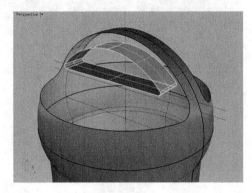

图 8-311

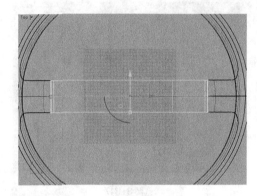

图 8-312

STEP 8 使用【混接曲面】工具 ◁ ，然后选择混接的两条曲面边缘，接着右击确认，再在打开的【调整曲面混接】对话框中选择【曲率】和【相同高度】选项，最后单击【确定】按钮 ☐确定☐ 完成操作，如图 8-313 所示，效果如图 8-314 所示。

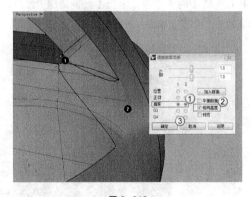

图 8-313

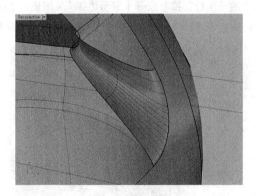

图 8-314

STEP 9 使用同样的方法创建另外一个转角的混接曲面，如图 8-315 所示，然后使用【分析方向 / 反转方向】工具 ⌐ 反转曲面方向，如图 8-316 所示。

STEP 10 使用【双轨扫掠】工具 ⌐ ，然后依次选择相对的边，接着鼠标右键两次单击完成操作，如图 8-317 所示，最后使用【分析方向 / 反转方向】工具 ⌐ 反转曲面方向，如图 8-318 所示。

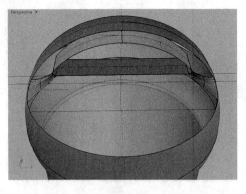

图 8-315

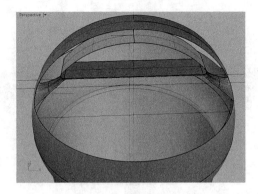

图 8-316

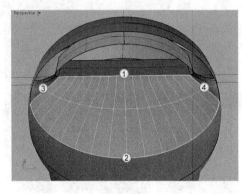

图 8-317

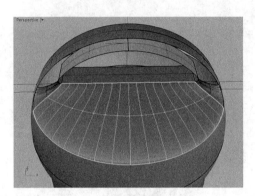

图 8-318

STEP 11 展开【分析方向 / 反转方向】工具下的子面板，然后单击【显示边缘 / 关闭显示边缘】按钮，接着选择两个曲面，最后单击鼠标右键完成操作，如图 8-319 所示。从图中可观察到把手上端的曲面比下端的少了一个点，为了能正常的生成曲面，必需要使两个曲面的点分布一样。

STEP 12 选择【物件锁点】功能下的【节点】选项，然后展开【分析方向 / 反转方向】工具下的子面板，接着展开【显示边缘 / 关闭显示边缘】工具下的子面板，单击【分割边缘 / 合并边缘】按钮，再选择顶部曲面中间的节点，最后单击鼠标右键完成操作，如图 8-320 所示。

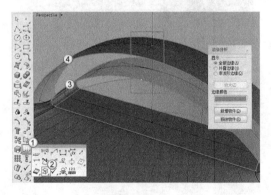

图 8-319

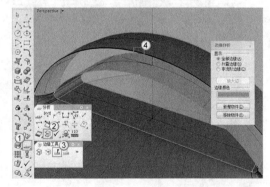

图 8-320

STEP 13 使用同样的方法在曲面的后面添加一个点，如图 8-321 所示。

STEP 14 使用【双轨扫掠】工具，然后依次选择相对的边，接着右击两次完成操作，如图 8-322 所示，再使用同样的方法生成右侧的曲面，如图 8-323 所示，最后使用【分析方向 / 反转方向】

工具 反转曲面方向，如图 8-324 所示。

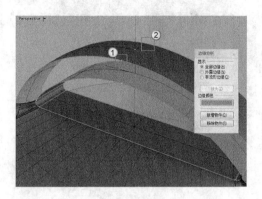

图 8-321

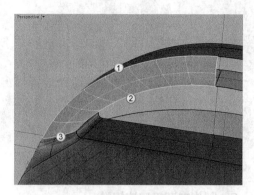

图 8-322

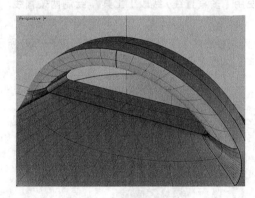

图 8-323

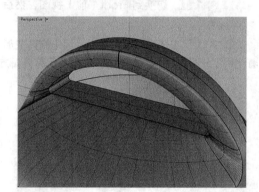

图 8-324

STEP 15 使用【放样】工具 在把手中间的缝隙中生成曲面，如图 8-325 所示，然后使用【分析方向 / 反转方向】工具 反转曲面方向，如图 8-326 所示。

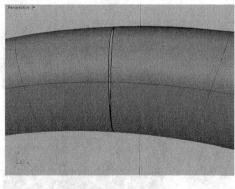

图 8-325

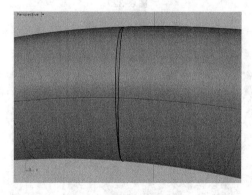

图 8-326

STEP 16 切换到 Right（右）视图，然后使用【镜像 / 三点镜像】工具 ，如图 8-327 所示。

STEP 17 新建一个名为"机盖"的图层，然后将所有曲面添加到该图层中，如图 8-328 所示。

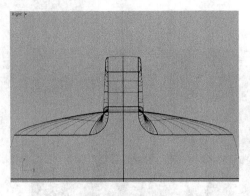

图 8-327

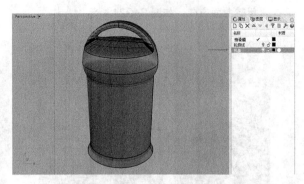

图 8-328

3. 制作电源接口连接件

STEP 📥**1** 切换到 Front（前）视图，然后使用【多重直线 / 线段】工具 ⋏ 绘制两条直线，如图 8-329 所示。

STEP 📥**2** 选择弧线，然后使用【旋转成形 / 沿路径旋转】工具 ⨿ 生成曲面，如图 8-330 所示，接着使用【分析方向 / 反转方向】工具 🔧 反转曲面方向，如图 8-331 所示。

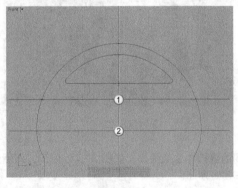

图 8-329

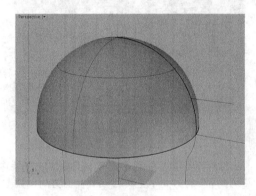

图 8-330

STEP 📥**3** 使用【投影至曲面】工具 🔩，沿直线分别投影两条曲线，如图 8-332 所示。

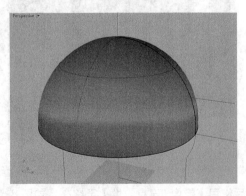

图 8-331

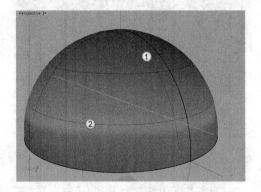

图 8-332

STEP 📥**4** 复制一条直线，然后使用【投影至曲面】工具 🔩，沿直线分别投影两条曲线，如图 8-333 所示。

STEP 5 切换到 Right（右）视图，然后使用【镜像／三点镜像】工具 沿 Z 轴镜像复制，如图 8-334 和图 8-335 所示。

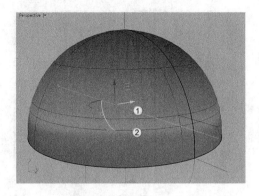

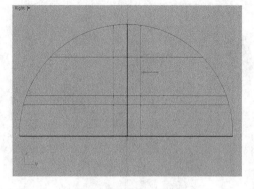

图 8-333　　　　　　　　　　　　　　　　图 8-334

STEP 6 使用【显示物件】工具 显示隐藏的物件，然后使用【分割／以结构线分割曲面】工具 沿曲面修剪半球形曲面，如图 8-336 所示，接着隐藏图 8-337 所示的曲面。

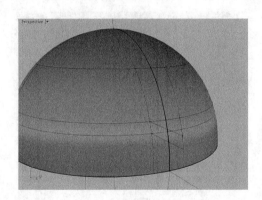

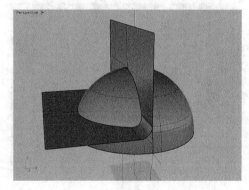

图 8-335　　　　　　　　　　　　　　　　图 8-336

STEP 7 选择【物件锁点】功能下的【交点】选项，然后捕捉直线的控制点到曲面上的交点，接着使用【多重直线／线段】工具 创建两条直线，如图 8-338 和图 8-339 所示。

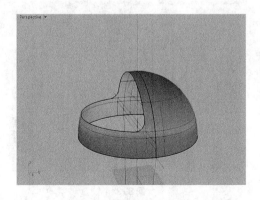

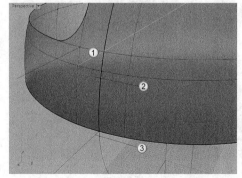

图 8-337　　　　　　　　　　　　　　　　图 8-338

STEP 8 使用【可调式混接曲线／混接曲线】工具 ，然后选择两条直线，接着在【调整曲

线混接】对话框中选择【正切】选项，最后单击鼠标左键【确定】按钮 ▭确定▭ 完成操作，如图 8-340
所示，效果如图 8-341 所示。

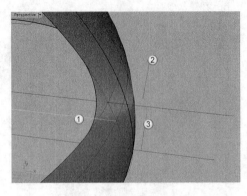

图 8-339

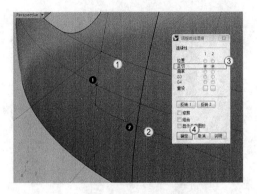

图 8-340

STEP ⟨9⟩ 使用【多重直线 / 线段】工具 ∧，通过捕捉交点绘制一条直线，如图 8-342 所示，
然后上一步的方法生成曲线，如图 8-343 所示。

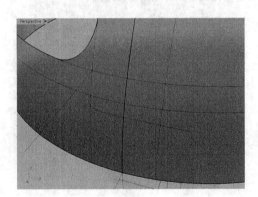

图 8-341

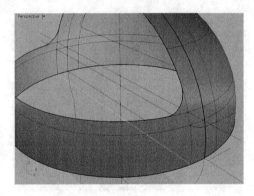

图 8-342

STEP ⟨10⟩ 使用【修剪 / 取消修剪】工具 ▱ 修剪弧线，如图 8-344 所示，然后使用【多重直
线 / 线段】工具 ∧，通过捕捉交点绘制一条直线，如图 8-345 所示。

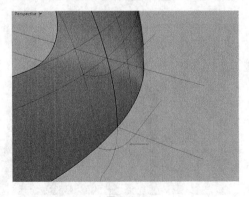

图 8-343

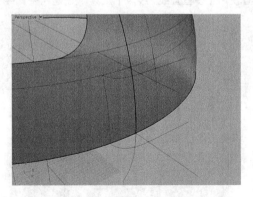

图 8-344

STEP ⟨11⟩ 使用【双轨扫掠】工具 ⌇，然后依次选择相对的边，接着单击鼠标右键两次完成
操作，如图 8-346 所示。

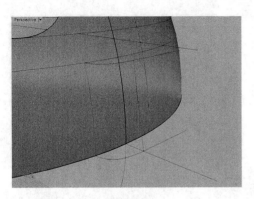

图 8-345

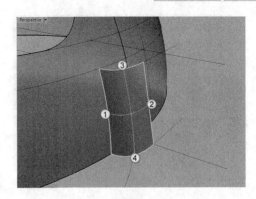

图 8-346

STEP 12 展开【曲面圆角】工具 下的子面板，然后单击鼠标左键【延伸曲面】按钮 ，接着选择曲面边缘最后单击两次确定延长的长度，如图 8-347 所示，效果如图 8-348 所示。

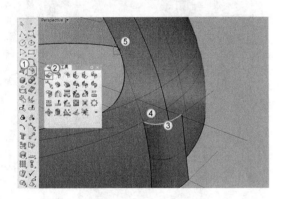

图 8-347

图 8-348

STEP 13 使用【镜像 / 三点镜像】工具 ，沿 Z 轴镜像复制曲面，如图 8-349 所示。

STEP 14 鼠标右键单击【分割 / 以结构线分割曲面】工具 ，然后捕捉到转角处的曲线并单击确认，接着单击鼠标右键完成操作，如图 8-350 所示，最后对右侧的曲面执行相同的操作。

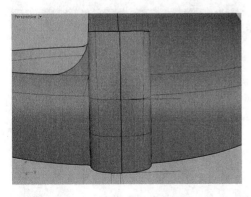

图 8-349

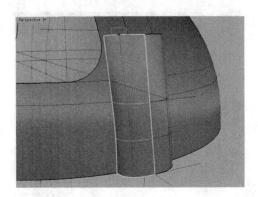

图 8-350

STEP 15 删除中间的两个曲面，如图 8-351 所示，然后【混接曲面】工具 ，接着选择曲面的边缘，再在【调整曲面混接】对话框中选择【曲率】选项，最后鼠标左键单击【确定】按钮 确定 完成操作，如图 8-352 所示，效果如图 8-353 所示。

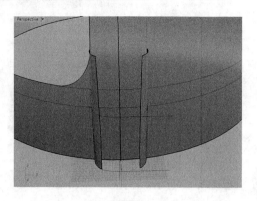

图 8-351

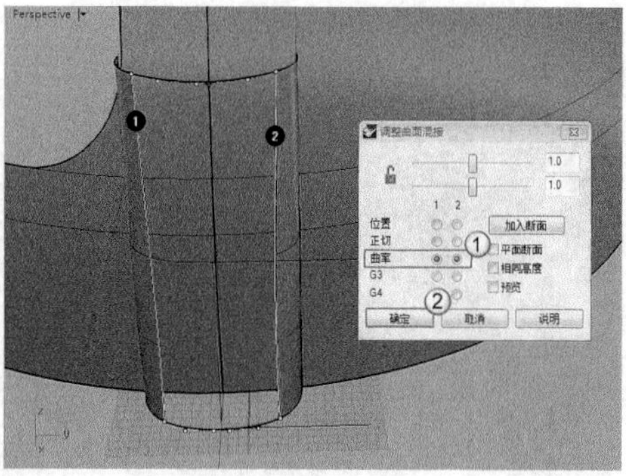

图 8-352

STEP 16 使用【隐藏物件】工具 ，隐藏延伸的曲面，然后切换到 Front（前）视图，接着【控制点曲线 / 通过数个点的曲线】工具 绘制曲线，如图 8-354 和图 8-355 所示。

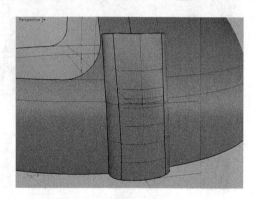

图 8-353

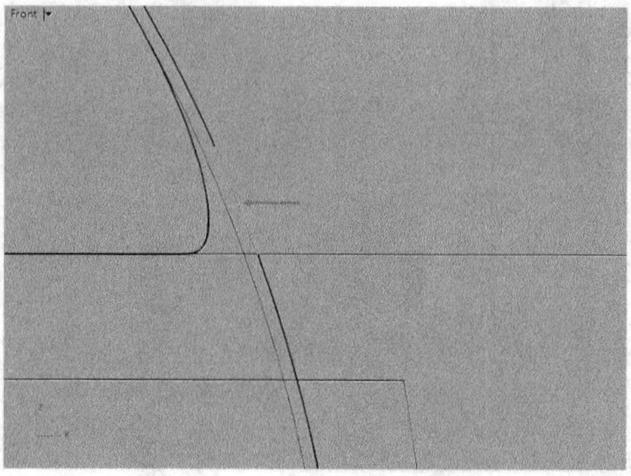

图 8-354

STEP 17 使用【多重直线 / 线段】工具 ，然后捕捉交点绘制一条直线，如图 8-356 所示，接着使用【曲线圆角】工具 ，在【命令行】中设置【半径】为 5，对曲线进行光滑处理，如图 8-357所示，最后使用【组合】工具 将其组合。

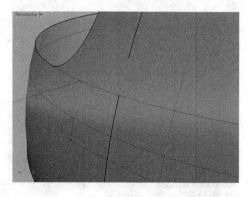

图 8-355

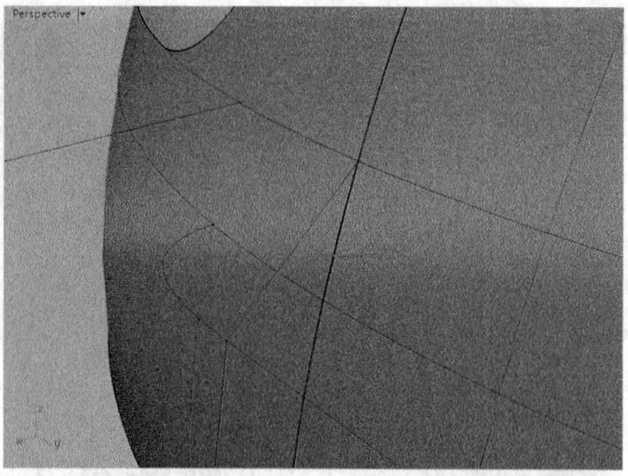

图 8-356

STEP 18 复制出两条曲线，如图 8-358 所示，然后使用【放样】工具 生成曲面，如图 8-359所示。

STEP 19 显示延伸曲面，然后单击鼠标左键【分割 / 以结构线分割曲面】工具 ，以放样生成的曲面对延伸曲面进行分割，如图 8-360 所示。

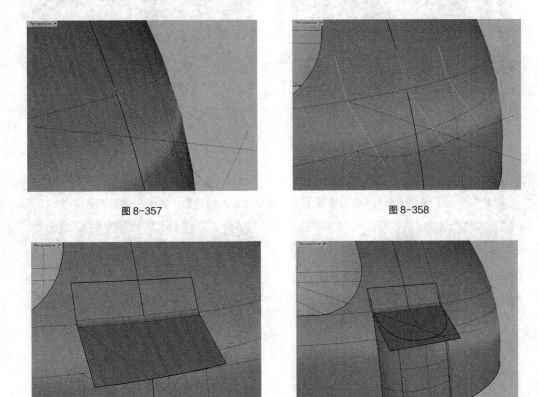

图 8-357   图 8-358

图 8-359   图 8-360

STEP 20 鼠标左键单击【分割 / 以结构线分割曲面】工具，以延伸曲面对放样生成的曲面进行分割，如图 8-361 所示。

STEP 21 使用【圆弧：起点、终点、通过点 / 圆弧：起点、通过点、终点】工具绘制曲线，如图 8-362 所示，然后使用【以平面曲线建立曲面】工具生成曲面，如图 8-363 所示。

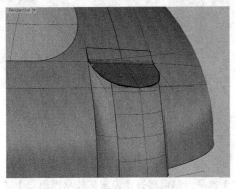

图 8-361

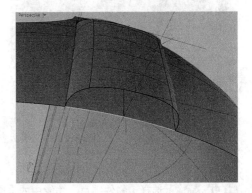

图 8-362

STEP 22 使用【曲面圆角】工具，然后在【命令行】中设置【半径】为 3，对曲面进行光滑处理，如图 8-364 和图 8-365 所示。

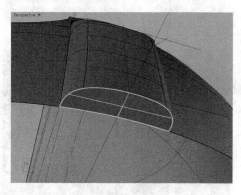

图 8-363

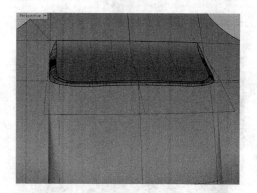

图 8-364

STEP 23 使用【修剪 / 取消修剪】工具，制作右侧的造型，如图 8-366 所示。

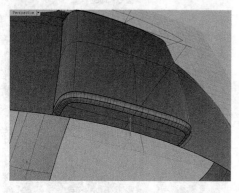

图 8-365

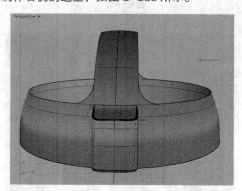

图 8-366

4. 制作插孔

STEP 1 使用【多重直线 / 线段】工具，绘制两个封闭的曲线，如图 8-367 所示，接着使用【曲线圆角】工具，再在【命令行】中设置【半径】为 3，最后对曲线进行光滑操作，如图 8-368 所示。

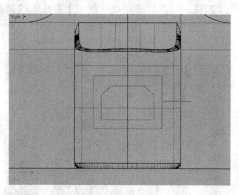

图 8-367

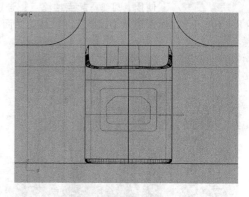

图 8-368

STEP 2 选择【物件锁点】功能中的【交点】选项，然后展开【设定工作平面原点】工具，下的子面板，接着单击【设定工作平面至曲面】按钮，最后鼠标左键单击确认捕捉点的位置，工作平面随即发生变化，如图 8-369 所示。

STEP 3 使用【投影至曲面】工具将曲线投影到模型上，如图 8-370 所示，然后隐藏投影前的曲线。

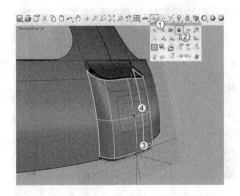

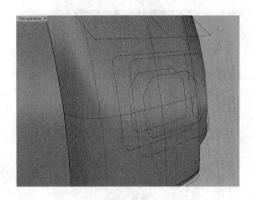

图 8-369   图 8-370

STEP 04 使用【修剪 / 取消修剪】工具 ，修剪曲面，如图 8-371 所示，然后使用【放样】工具 ，对投影曲线生成曲面，如图 8-372 所示。

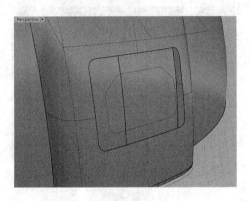

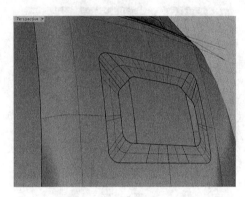

图 8-371   图 8-372

STEP 05 使用【挤出曲面】工具 ，对曲面进行挤出操作，如图 8-373 所示，然后使用【抽离曲面】工具 ，分离并删除多余的曲面，如图 8-374 所示。

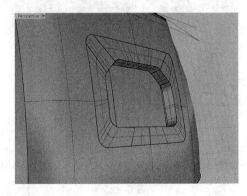

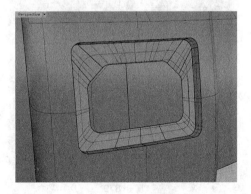

图 8-373   图 8-374

STEP 06 将曲线拖曳到曲面边缘，然后使用【多重直线 / 线段】工具 ，在中间绘制一条相交直线，如图 8-375 所示，接着使用【分割 / 以结构线分割曲面】工具 沿直线分割封闭曲线，如图 8-376 所示。

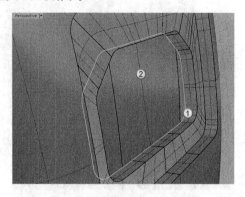

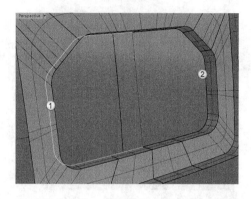

图 8-375   图 8-376

STEP 17 使用【放样】工具 🌊 生成曲面，如图 8-377 所示，然后对右侧执行相同的操作，接着使用【组合】工具 🍀 将曲面组合，如图 8-378 所示。

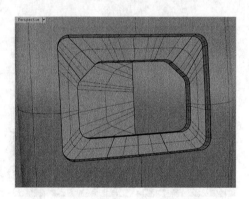

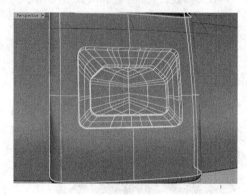

图 8-377   图 8-378

STEP 18 使用【矩形：角对角】工具 🔲 绘制 3 个矩形，如图 8-379 所示，然后使用【直线挤出】工具 🗐 挤出插头的造型，如图 8-380 所示。

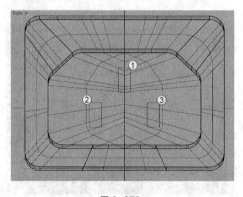

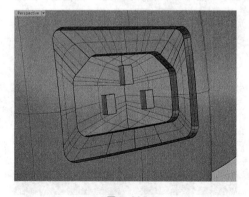

图 8-379   图 8-380

STEP 19 使用【不等距边缘圆角 / 不等距边缘混接】工具 🟦 ，然后选择曲面的边缘，接着在【命令行】中设置【下一个半径】为 0.3，最后鼠标右键两次单击完成操作，如图 8-381 所示，效果如图 8-382 所示。

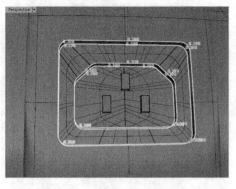

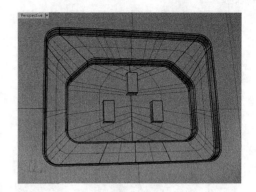

图 8-381

图 8-382

5. 制作机身提手

STEP 1 切换到 Front（前）视图，然后使用【多重直线 / 线段】工具 绘制 4 条直线，如图 8-383 和图 8-384 所示。

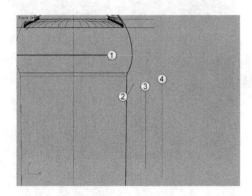

图 8-383

图 8-384

STEP 2 使用【可调式混接曲线 / 混接曲线】工具 ，然后选择两条曲线，接着在【调整曲线混接】对话框中选择【正切】选项，最后鼠标左键单击【确定】按钮 确定 完成操作，如图 8-385 所示，效果如图 8-386 所示。

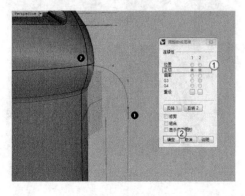

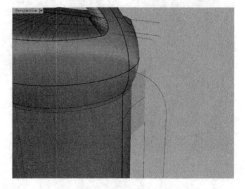

图 8-385

图 8-386

STEP 3 使用【可调式混接曲线 / 混接曲线】工具 连接曲线，效果如图 8-387 所示，然后使用【组合】工具 组合曲线，如图 8-388 所示。

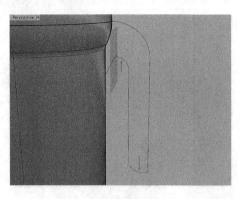

图 8-387

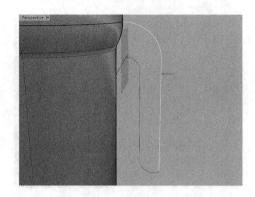

图 8-388

STEP 14 使用【偏移曲线】工具，向内偏移复制曲线，如图 8-389 所示，然后调整曲线形状，如图 8-390 所示，接着使用【修剪/取消修剪】工具修剪曲线的多余部分，如图 8-391 所示。

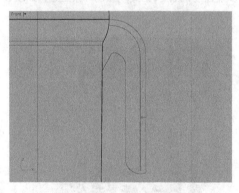

图 8-389

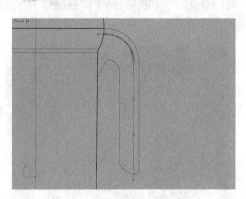

图 8-390

STEP 15 使用【直线挤出】工具挤出曲面，如图 8-392 所示，然后展开【指定三或四个角建立曲面】工具下的子面板，接着鼠标左键单击【彩带】按钮，再选择曲面边缘，并在【命令行】中设置【距离】为 10，最后在外侧单击鼠标左键完成操作，如图 8-393 所示，效果如图 8-394 所示。

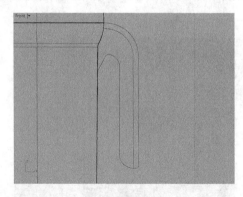

图 8-391

图 8-392

STEP 16 使用同样的方式在右侧创建一段相同距离的带状面，然后使用【混接曲面】工具，接着选择曲面边缘，再在【调整曲面混接】对话框中选择【曲率】选项，并调整操作手柄，最后鼠标左键【确定】按钮 确定 完成操作，如图 8-395 所示，效果如图 8-396 所示。

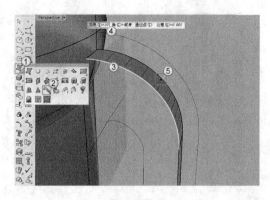

图 8-393

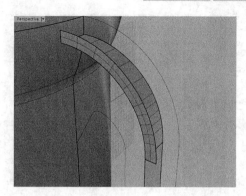

图 8-394

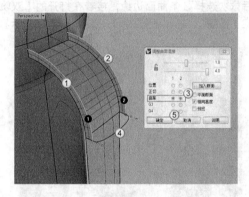

图 8-395

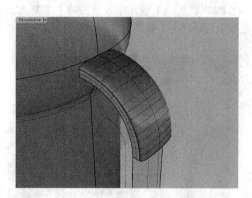

图 8-396

STEP 7 使用【彩带】工具 🖌 生成曲面，如图 8-397 所示。

STEP 8 切换到 Front（前）视图，然后使用【多重直线 / 线段】工具 ⚲，绘制一条直线，如图 8-398 所示。

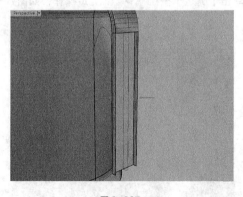

图 8-397

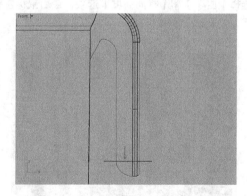

图 8-398

STEP 9 使用【修剪 / 取消修剪】工具 🔧 修剪曲面，如图 8-399 所示，然后使用【圆弧：起点、终点、起点的方向 / 圆弧：起点、起点的方向、终点】工具 ⚲，通过捕捉到节点绘制一条曲线，如图 8-400 所示。

STEP 10 单击【直线挤出】工具 🔳，选择半圆弧线挤出一个面，如图 8-401 所示。

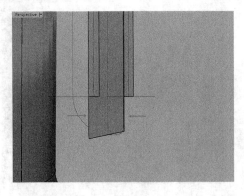

图 8-399

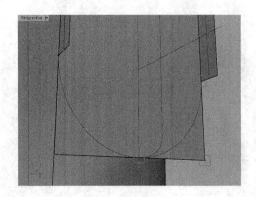

图 8-400

STEP 11 使用【双轨扫掠】工具 ，然后依次选择 3 条曲面边缘，接着在打开的【双轨扫掠选项】对话框中【最简扫掠】选项，最后单击【确定】按钮 完成操作，如图 8-402 所示。

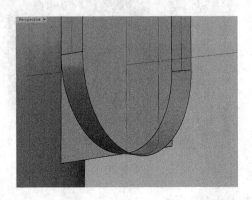

图 8-401

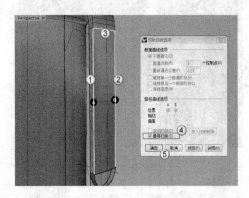

图 8-402

STEP 12 使用【混接曲面】工具 ，然后选择曲面边缘，接着在【调整曲面混接】对话框中选择【曲率】和【相同高度】选项，最后鼠标左键单击【确定】按钮 确定 完成操作，如图 8-403 所示，效果如图 8-404 所示。

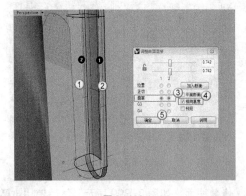

图 8-403

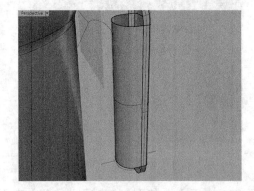

图 8-404

STEP 13 使用【显示边缘 / 关闭显示边缘】按钮 显示曲面的边缘，如图 8-405 所示，然后使用【分割边缘 / 合并边缘】 添加两个点，如图 8-406 所示。

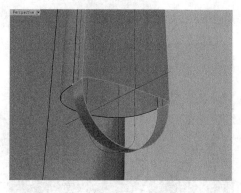

图 8-405

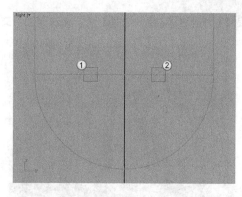

图 8-406

STEP 14 使用【圆弧：起点、终点、起点的方向 / 圆弧：起点、起点的方向、终点】工具，通过捕捉点绘制一条曲线，如图 8-407 所示，然后使用【双轨扫掠】工具，依次选择相对的边，接着单击鼠标右键两次完成操作，如图 8-408 所示。

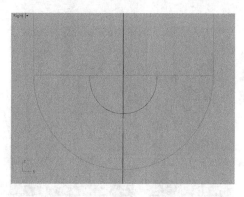

图 8-407

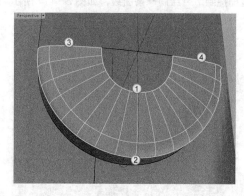

图 8-408

STEP 15 使用【混接曲面】工具，然后选择曲面边缘右击确认，接着选择另个曲面的边缘右击确认，再在【调整曲面混接】对话框中选择【曲率】和【相同高度】选项，并调整操作手柄，最后鼠标左键单击【确定】按钮 确定 完成操作，如图 8-409 所示，效果如图 8-410 所示。

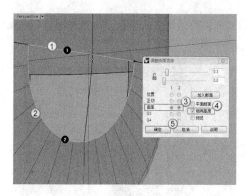

图 8-409

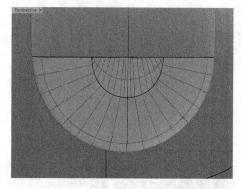

图 8-410

STEP 16 使用【多重直线 / 线段】工具 绘制一条去曲面相交的直线，如图 8-411 所示。

STEP 17 使用【显示边缘 / 关闭显示边缘】按钮 显示曲面的边缘，如图 8-412 所示，然后使用【分割边缘 / 合并边缘】 ⊥ ，通过捕捉到交点添加两个点，如图 8-413 所示。

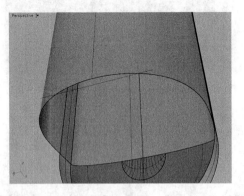

图 8-411

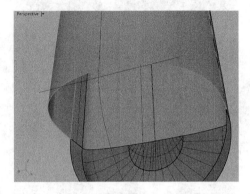

图 8-412

STEP 🔲18 使用【圆弧：起点、终点、起点的方向 / 圆弧：起点、起点的方向、终点】工具 ，
通过捕捉到节点绘制一条曲线，如图 8-414 所示。

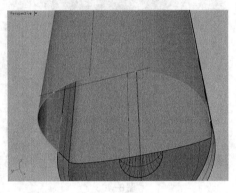

图 8-413

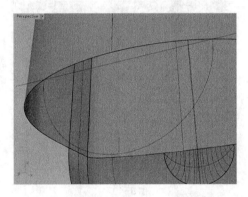

图 8-414

STEP 🔲19 使用【双轨扫掠】工具 ，然后依次选择相对的边，接着在【双轨扫掠选项】
对话框中选择【最简扫掠】选项，最后鼠标左键单击【确定】按钮 确定 完成操作，如图 8-415
所示。

STEP 🔲20 使用【混接曲面】工具 ，然后选择曲面边缘右击确认，接着选择另个曲面的边
缘右击确认，最后鼠标左键单击【确定】按钮 确定 完成操作，如图 8-416 所示。

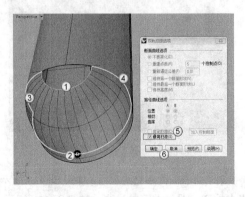

图 8-415

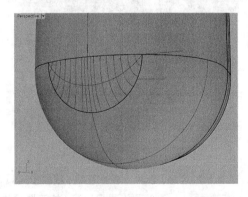

图 8-416

6. 连接机身和提手

STEP 1 使用【多重直线 / 线段】工具 ∧ 绘制一条直线，如图 11 所示，然后使用【修剪 / 取消修剪】工具 修剪曲面多余部分，如图 8-417 和图 8-418 所示。

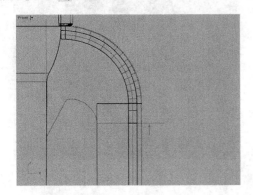

图 8-417 图 8-418

STEP 2 使用【混接曲面】工具 ⇦ 生成曲面，如图 8-419 所示，然后使用【镜像 / 三点镜像】工具 🔥，复制出另一半，如图 8-420 所示。

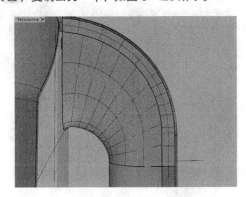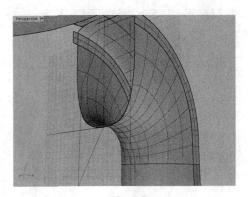

图 8-419 图 8-420

STEP 3 使用【多重直线 / 线段】工具 ∧ 绘制一条直线，如图 8-421 所示，然后使用【修剪 / 取消修剪】工具 沿直线修剪曲面，如图 8-422 所示。

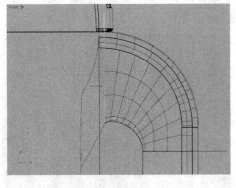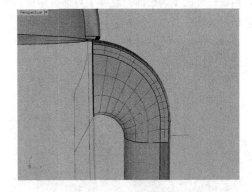

图 8-421 图 8-422

STEP 4 使用【控制点曲线 / 通过数个点的曲线】工具 ◻，绘制一条具有 4 个控制点的曲线，要求竖直方向的 3 个控制点保持垂直，水平方向的两个控制点保持水平，如图 8-423 所示，然后使用【镜像 / 三点镜像】工具 ⚫ 复制出另一半，如图 8-424 所示。

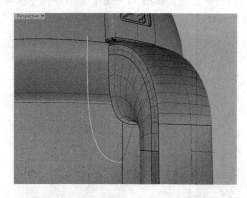
图 8-423

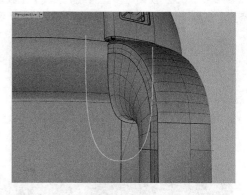
图 8-424

STEP ⚪⑤ 使用【控制点曲线 / 通过数个点的曲线】工具 ⚫，在镜像后两条曲线的顶部绘制一条具有 4 个控制点的曲线，要求竖直方向的两个控制点保持垂直，水平方向的两个控制点保持水平，如图 8-425 所示。

STEP ⚪⑥ 使用【投影至曲面】工具 ⚫ 在曲面上生成曲线，如图 8-426 所示。

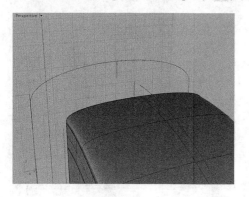
图 8-425

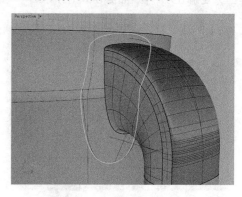
图 8-426

STEP ⚪⑦ 选择所有的提手模型，然后向下拖曳 10，如图 8-427 所示。

STEP ⚪⑧ 使用【混接曲面】工具 ⚫，然后选择曲线作右击确认，接着选择把手的边缘右击确认，再在打开的【调整曲面混接】对话框中选择 1 的【曲率】、2 的【正切】和【相同高度】选项，最后鼠标左键单击【确定】按钮 确定 完成操作，如图 8-428 所示。

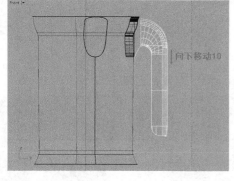
图 8-427

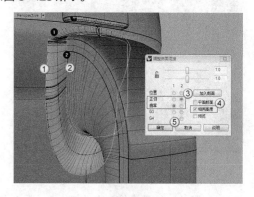
图 8-428

6. 制作流口

STEP 1 开启【正交】功能，然后使用【多重直线 / 线段】工具 ⋀ 绘制两条直线，如图 8-429 所示。

STEP 2 使用【圆弧：起点、终点、通过点 / 圆弧：起点、通过点、终点】工具 ⌇，绘制一段如图 8-430 所示的圆弧，要求竖直方向的两个控制点保持垂直。

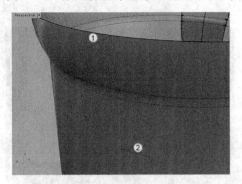
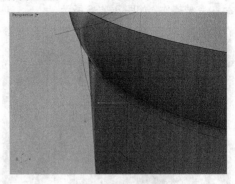

图 8-429   图 8-430

STEP 3 选择【物件锁点】功能中的【最近点】选项，然后使用【单点 / 多点】工具 ∘，在杯口处任意位置创建一点，如图 8-431 所示。

STEP 4 使用【多重直线 / 线段】工具 ⋀，捕捉上一步创建的点为起点，绘制一条如图 8-432 所示的直线。

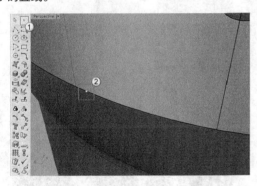
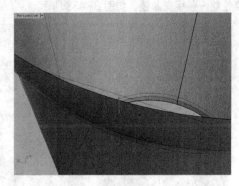

图 8-431   图 8-432

STEP 5 使用【单点 / 多点】工具 ∘，在之前创建的杯口点的对应端任绘制一点，如图 8-433 所示。

STEP 6 单击【复制边缘 / 复制网格边缘】按钮 ⊘，然后选择杯口边缘，接着右击完成操作，如图 8-434 所示。

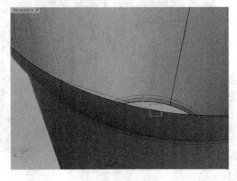
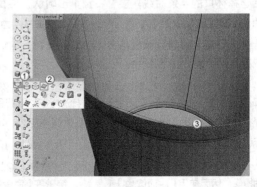

图 8-433   图 8-434

STEP 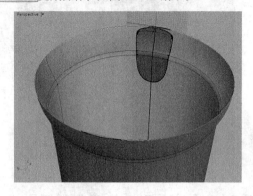7 使用【修剪 / 取消修剪】工具 🖱，沿两点间的直线修剪杯口的环形曲线，如图 8-435 所示。

STEP 8 使用【可调式混接曲线 / 混接曲线】工具 🖱，然后选择杯口的曲线和杯身的曲线，接着在【调整曲线混接】对话框中选择 1 的【位置】和 2 的【正切】选项，最后单击【确定】按钮 确定 完成操作，如图 8-436 所示。

图 8-435

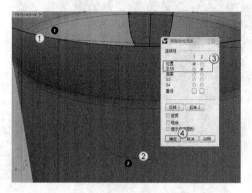

图 8-436

STEP 9 使用【镜像 / 三点镜像】工具 🖱，镜像复制混接曲线，如图 8-437 所示。

STEP 10 使用【圆弧：起点、终点、通过点 / 圆弧：起点、通过点、终点】按钮 🖱，通过捕捉点绘制一条相交曲线，如图 8-438 所示。

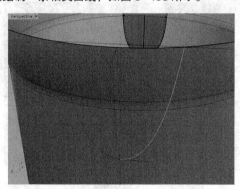

图 8-437

图 8-438

STEP 11 使用【从网线建立曲面】工具 🖱，然后选择杯口的 4 条曲线，接着右键单击确认，再在打开的【以网线建立曲面】对话框中设置【边缘曲线】为 1，并选择【预览】选项，最后单击【确定】按钮 确定 完成操作，如图 8-439 所示。

STEP 12 使用【延伸曲面】工具 🖱，然后选择曲面边缘，接着在【命令行】中输入 30，最后按 Enter 键完成操作如图 8-440 所示，效果如图 8-441 所示。

STEP 13 对右侧的曲面边缘执行步骤（12）的延伸操作，然后使用【曲面圆角】工具 🖱，接着在【命令行】

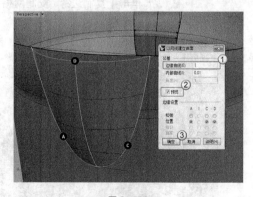

图 8-439

中设置【半径】为 8，然后选择杯口和杯身曲面进行圆角处理，如图 8-442 所示，效果如图 8-443 所示。

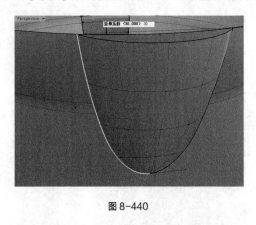

图 8-440

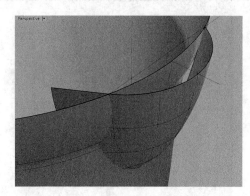

图 8-441

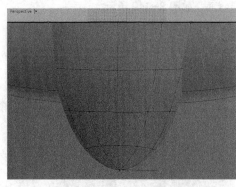

图 8-442

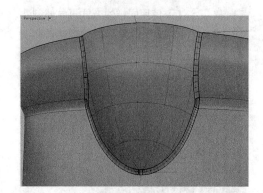

图 8-443

STEP 14 删除圆角曲面，然后使用【混接曲面】工具 ，选择杯身修剪的边作为第 1 个边缘，右击确定，接着选择延伸曲面修剪的边作为第 2 个边缘，右击键确定，再在【调整曲面混接】对话框中选择【曲率】和【平面断面】，最后鼠标左键单击【确定】按钮 确定 完成操作，如图 8-444 所示，效果如图 8-445 所示。

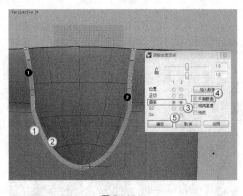

图 8-444

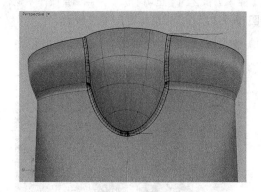

图 8-445

STEP 15 使用【复制边缘 / 复制网格边缘】工具 ，然后选择杯口和流口边缘，接着右击完成操作，如图 8-446 所示。

STEP 16 使用【彩带】工具 ，然后选择杯口的曲线，接着在【命令行】中设置【距离】为 3，最后在杯身内侧鼠标左键单击完成操作，如图 8-447 所示，效果如图 8-448 所示。

图 8-446

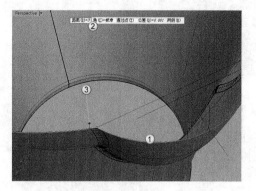

图 8-447

STEP 17 使用同样的方式再向外创建一段带状面，如图 8-449 所示。

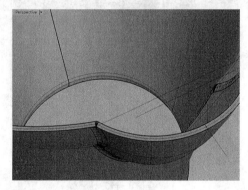

图 8-448

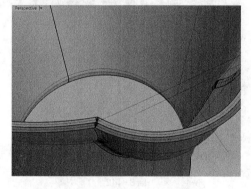

图 8-499

STEP 18 将外侧的带状面向下移动一段距离，如图 8-450 所示。

STEP 19 使用【混接曲面】工具 ⤵，选择一段带状面边缘作为第 1 个边缘，右键单击确认，接着选择另一段带状面边缘作为第 2 个边缘，右击确认，再在打开的【调整曲面混接】对话框中选择 1 的【曲率】和 2 的【正切】选项，并调整操作手柄，最后鼠标右键单击【确定】按钮 完成操作，如图 8-451 所示，效果如图 8-452 所示。

图 8-450

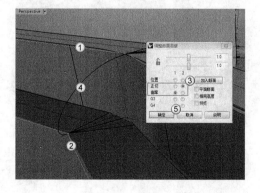

图 8-451

STEP 20 【以平面曲线建立曲面】工具 ◯ 在底部生成曲面，如图 8-453 所示，然后使用【曲面圆角】工具 ◥，在【命令行】中设置【半径】为 10，接着选择机身和底部，如图 8-454 所示。

图 8-452

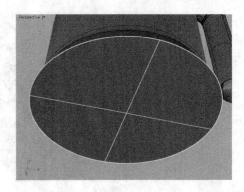

图 8-453

STEP 21 使用【分析方向 / 反转方向】工具 ，将所有曲面的方向统一，如图 8-455 所示。

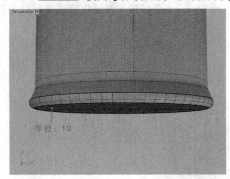

图 8-454

图 8-455

分类管理

STEP 1 新建名为"轮廓线""提手""机头""电源接口""插头""手柄""手柄 2"和"机身"的图层，如图 8-456 所示。

STEP 2 将所有曲线添加到"轮廓线"图层，如图 8-457 所示，然后将机顶内侧的曲面添加到"提手"图层中，如图 8-458 所示。

图 8-456

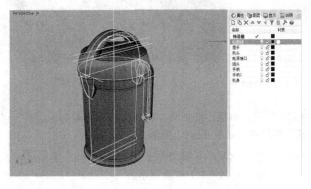

图 8-457

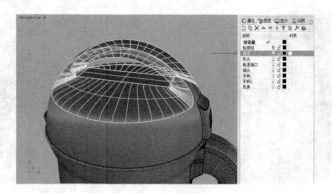

图 8-458

STEP 13 将机盖模型添加到"机头"图层中，如图 8-459 所示，然后将插座模型添加到"电源接口"图层中，如图 8-460 所示。

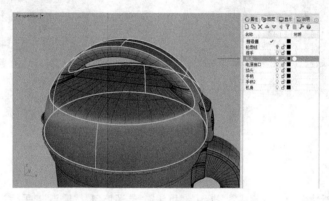

图 8-459

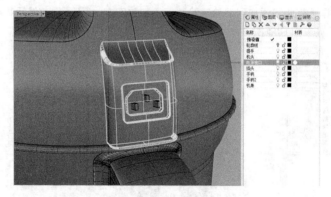

图 8-460

STEP 14 将插头模型添加到"插头"图层中，如图 8-461 所示，然后将手柄内侧的模型添加到"手柄"图层中，如图 8-462 所示。

STEP 15 将手柄外侧模型添加到"手柄 2"图图层中，如图 8-463 所示，然后将机身模型添加到"机身"图层中，如图 8-464 所示。

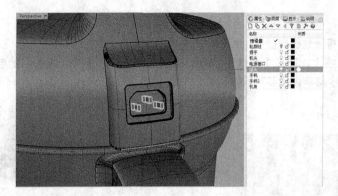

图 8-461

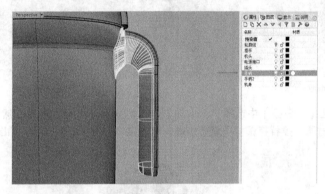

图 8-462

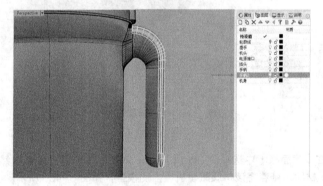

图 8-463

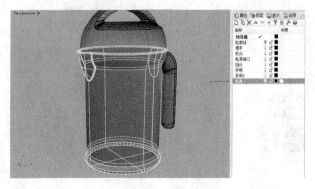

图 8-464

渲染输出

STEP 1 将豆浆机模型导入到 KeyShot 中，如图 8-465 所示。

STEP 2 在【库面板】中选择 Panit（油漆）>Gloss（光泽）分类，然后选择 Plastic Gloss White（塑料光泽白）材质，接着将该材质赋予机身模型，如图 8-466 所示。

图 8-465

图 8-466

STEP 3 在【库面板】中选择 Plastic（塑料）>Gloss（光泽）分类，然后选择 Plastic Gloss Red（塑料光泽红）材质，接着将该材质赋予机盖、电源接口和把手外侧模型，如图 8-467 所示。

图 8-467

STEP 4 在【库面板】中选择 Plastic（塑料）>Gloss（光泽）分类，然后选择 Plastic Gloss Black（塑料光泽黑）材质，接着将该材质赋予机盖内侧模型，如图 8-468 所示。

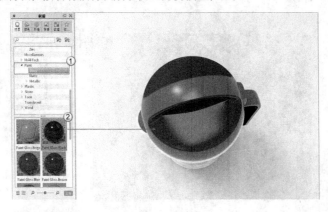

图 8-468

STEP 5 在【库面板】中选择 Plastic（塑料）>Soft（柔软）分类，然后选择 Rubber（橡胶）材质，接着将该材质赋予给把手内侧模型，如图 8-469 所示。

STEP 6 鼠标左键单击【工具栏】中的【项目】按钮，然后在【项目面板】中选择【环境】选项卡，接着展开【背景】卷展栏，最后选择【颜色】选项，如图 8-470 所示。

图 8-469

STEP 7 单击【工具栏】中的【渲染】按钮打开【渲染选项】对话框，然后在左侧的列表中选择【输出】选项，接着输入【名称】为"豆浆机"，再设置【格式】为 TIFF、分辨率为 1600×1200、【渲染模式】为【背景】，如图 8-471 所示。

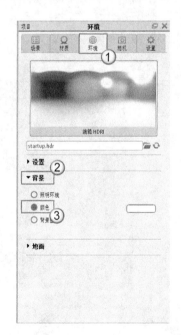

图 8-470

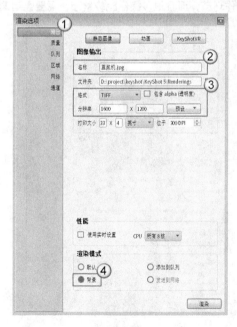

图 8-471

STEP 8 在左侧的列表选择【质量】选项，然后设置【采样值】为 24、【抗锯齿级别】为 3、【阴影】为 3，接着鼠标左键单击【背景渲染】按钮，如图 8-472 所示，最终效果如图 8-473 所示。

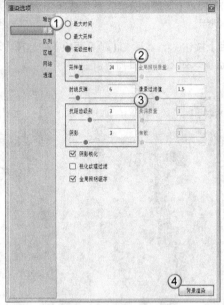

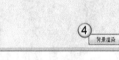

图 8-472

图 8-473

产品总结

　　本实例通过完成一个豆浆机产品，来掌握豆浆机的设计流程。本例的难点较多，主要集中在提手和把手的制作环节，而且很多操作比较繁琐，需要读者耐心地制作。